狗狗的創意手作DIY

50種簡單又實用的好感生活提案

王佩賢◎著

周禎和◎攝影

作者序

出版社要我寫序，我輕鬆地回答說，好啊！才幾百字而已，沒什麼。但是，當我真正坐在電腦前，準備敲起鍵盤時，我才發現，這序怎麼變得好難寫。

怎麼會這樣呢？

這本書裡的每一個作品，我都熟悉的不得了。從我開始構想，畫設計圖，買材料，到製作，配合攝影拍照，也一路都順利的不得了。這製作期間我還幾乎天天宅在家裡，拿著剪刀裁剪布料，捏著針縫縫補補，或是埋頭在針車前窩著．這樣的我跟這本書理應上是有著濃濃的連結，卻怎麼寫不出個序呢？

放下擺在鍵盤上的手，我想了兩天，突然在一瞬間明白：這不論是狗寶貝，或是手作，都已經完全是我生活中的一部分．就像環境週遭本來就有空氣，我本來就會呼吸一樣的道理。

我愛手作，愛玩創意，最喜歡享受著在瑣碎的材料在手中，慢慢把作品製作成型的過程。但這樣對我並不滿足，我開始想把愛灌注到我的作品裡，而這份愛的對象，就是我們家的狗寶貝們。

說實在的，撇開創意設計這部分不談，這本書裡的五大項目，不論是髮飾，項圈牽繩，背包，還是睡床，幾乎只要花錢，都可以在店裡買到現成的商品。

為什麼想要自己動手做？還不就是為了那份愛。

我想起小時候，看著媽媽在針車前，用腳踩著踏板，一針一針地為我做洋裝的情景，甚至連我的芭比娃娃也有同款花色的小洋裝。這份來自於媽媽背影的感動，透過針線所感受到的愛，直到現在我都記得。

現在，也許對很多人來說，狗就是狗，頂多是寵物或同伴動物。但對我來說，她們不僅僅是我的家人，更是我的寶貝，我的摯愛，我的孩子。

於是，喜愛手作的我就不希望在享受這樣的樂趣中，僅僅只是做自己能用的東西，我更希望能為我的寶貝做些什麼——一些可以讓她們過得更舒適，能讓我們人與狗在生活中有更多連結的東西。

憑著這樣的衝動，藉著我對自家寶貝的了解，一個個作品在我腦海中冒出，譬如說，我想為她們製作最柔軟的床，最方便的牽繩，或是一件足以禦寒的衣服。然後在手作的過程中，把愛灌注進去。

我想，這種宅在家裡為寶貝做手作的感覺，身旁同時有著狗寶貝圍繞的溫暖，就是一種最簡單的幸福了吧。

目錄

PART 1 愛漂亮 BEAUTY

PART 2 愛生活 LIVING

PART 3 愛休憩 SLEEP

PART 4 愛出遊 PLAY

PART 5 愛玩樂 FUN

PART 1
愛漂亮 BEAUTY

1-1 三角領巾
1-2 四方領巾
1-3 日系糖果風項鍊
1-4 休閒自然風項鍊
1-5 皇家珍珠頸圈
1-6 生日皇冠
1-7 水晶珠髮夾
1-8 蝴蝶結髮夾
1-9 緞帶頸圈
1-10 嘉年華頸套
1-11 不織布甜甜圈耳套
1-12 不怕溼水果耳套

1-1 三角領巾

這款領巾的樣式雖然簡單，但是若是在前後兩面選擇不同的布樣，就可以翻面使用，等於擁有兩條不同樣式的領巾，超級划算的。像我有兩隻狗，就很愛做這樣領巾，因為兩隻狗可以戴同一面花色，也可以戴不同花色，就像擁有雙胞胎一樣的感覺。

材料

A. 三角 [10x10 cm]
棉布 2塊
B. 長條 [40x6 cm]
棉布 1塊
魔鬼粘 [4 cm] 1片

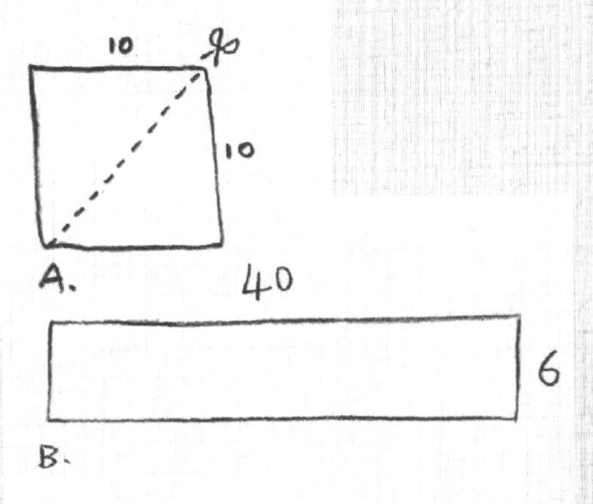

做法

1. 三角布面對面沿兩側縫合，剪去三角端的布，翻至正面。(a)
2. 沿兩側壓線，剪去兩側上方突出的部分。(b)

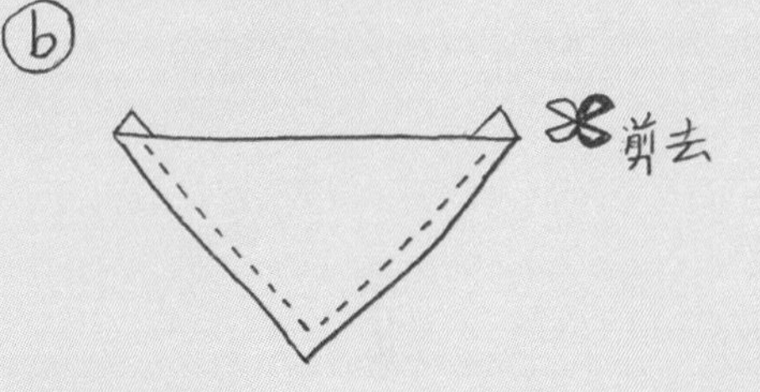

3. 長條布正面對折，外翻 1 公分，沿邊縫合。(c)
4. 翻出正面，夾入三角布，沿邊壓線。
5. 最後在兩側末端縫上魔鬼粘即可。(d)

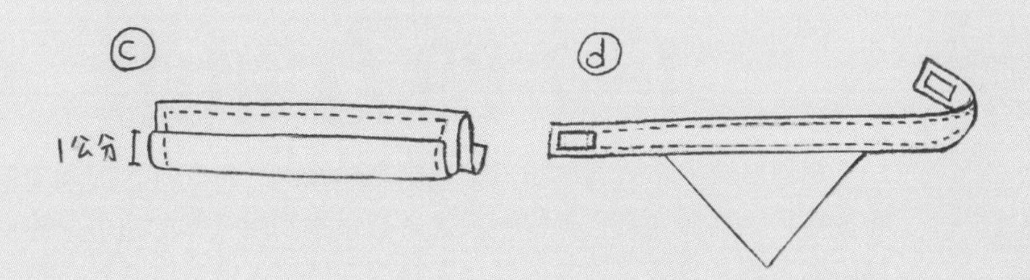

這款領巾可以依照狗狗的體型來調整大小，長條大約是頸圍+10~12cm，三角的邊長則可以為 S10cm、M15cm、L20cm。

1-2 四方領巾

阿嬤時代的台式花布雖然常被認為俗俗的，但在復古風潮湧現後，花布變成另一種台式文化美學。我很喜歡讓狗狗用花花的領巾，因為亮色鮮豔的圖案總是會帶讓狗狗的外型更搶眼。所以，傳統台式花布經過剪裁，這些大花也會在狗狗身上變成另一種難以形容的魅力。

材料

A. 領巾 [25x25 cm] 花布 2塊
B. 領巾 [25x25 cm] 棉布 1塊
C. 項圈 [50x8 cm] 棉布 1塊
織帶 [50 cm] 1條
插扣 1組
D字環 1個

A. 25 25

B 25 25

C. 50 8

做法

1. 將一塊花布上挑選喜歡的圖樣，沿邊剪下後以平針縫固定在棉布B的一角。(a)
2. 將A布和B布面對面後，沿邊縫一圈，側邊預留返口。(b)
3. 翻回正面，沿邊壓一圈線即為正方形領巾。
4. 織帶外包裹棉布C，穿過扣環和D字環做成項圈(做法參考4-1)。
5. 將項圈斜放在放在正方形領巾上，沿一側縫合即可。(c)

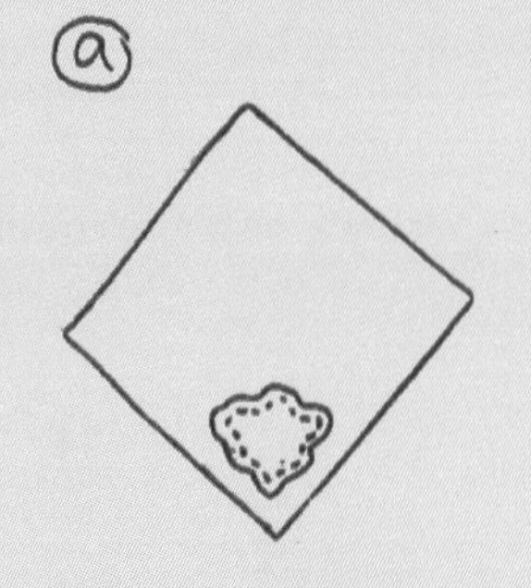

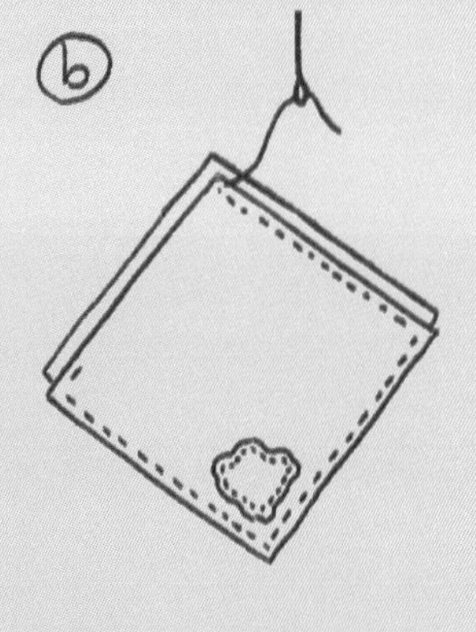

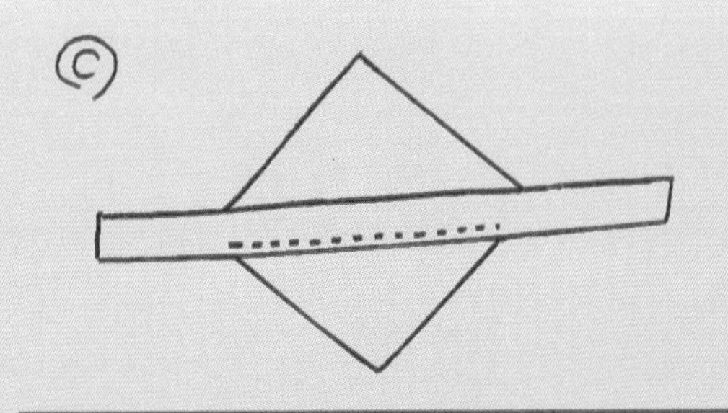

將領巾固定在項圈上，多面翻轉的設計，可以讓領巾的變化更大。
項圈的大小也可以依照狗狗頸圍做調整，只要測量頸圍尺寸後，加上頭尾返折的長度，即為織帶裁剪的長度。

1-3 日系糖果風項鍊

正如同我喜歡給狗狗帶花花的領巾一樣，我也喜歡給狗狗配戴色彩繽紛的項鍊。狗狗是貼心的家人夥伴，就像顆在嘴裡慢慢溶化的糖果一樣，不斷地釋放出幸福的甜美滋味。這樣的心情，把它串成繽紛甜美的糖果風彩，讓繽紛的配飾帶來的歡樂的情緒。

材料

塑膠珠	適量
塑膠小熊	1個
彈性繩	1條

A B C

也可以不要使用小熊，或任何墜子。單單是色彩鮮豔的珠子穿戴在脖子上，就足以讓狗狗更顯得超級可愛了！

做法

1. 測量狗狗的頸圍長度，加上 10 公分即為彈性繩的長度。(a)

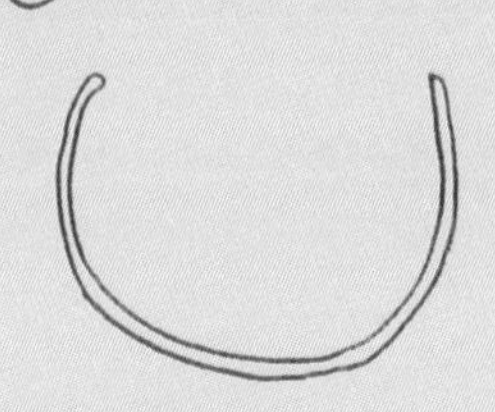

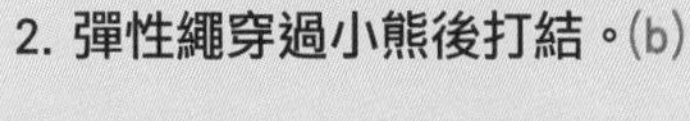

2. 彈性繩穿過小熊後打結。(b)

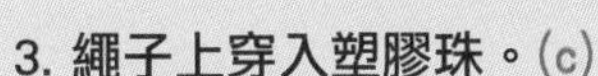

3. 繩子上穿入塑膠珠。(c)

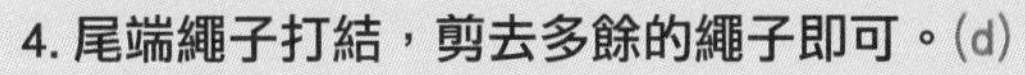

4. 尾端繩子打結，剪去多餘的繩子即可。(d)

在製作人用的項鍊時，主題的裝飾多是用圓環外掛在繩子上。但是在製作狗狗用的項鍊時，我則採取直接把主題飾物直接用綁著的方法。這是考量狗狗在抓癢時，不會因為爪子勾到項鍊，而使圓形環被拉開。

而選擇彈性繩也是有著同樣的考量。若是使用沒有彈性的繩子，會因為要套入而必須在尾端使用勾子。這些金屬勾子也很容易在狗狗玩耍或抓癢時變形或撐開，讓項鍊整串掉落。彈性繩比較能夠承受狗狗玩耍時的拉扯，而且在穿戴時也只要套入脖子就好，快速又方便。

1-4 休閒自然風項鍊

木珠串成的項鍊，擁有熱情奔放的炫麗色彩，卻仍保有大自然的樸實風格。不論是單條配戴，和項圈搭配，或是多條疊搭，都可以洋溢著濃濃的南洋風情。就讓狗狗戴著屬於夏季的 FU，一起迎接熱情的暑日吧！

材料

方型木珠	適量
貝殼片	適量
貝珠	適量
皮繩［60 cm］	3 條

做法

1. 將三條皮繩的一端一起打個平結。
2. 依圖分別將木珠、貝殼片和貝珠穿入，每一個段落即打一個平結。
3. 編至頸圍適合的長度，將尾端繩子打結，剪去多餘的繩子即可。

皮繩長度可依照自家狗狗的頸圈長度做調整。

1-5 皇家珍珠頸圈

電影中，常見到雍容華貴的小姐脖子上，戴著一串珍珠項鍊來襯托高雅的氣質。我也常常認為我家的寶貝與眾不同，當然也適合來一串特別的珍珠頸圈囉！

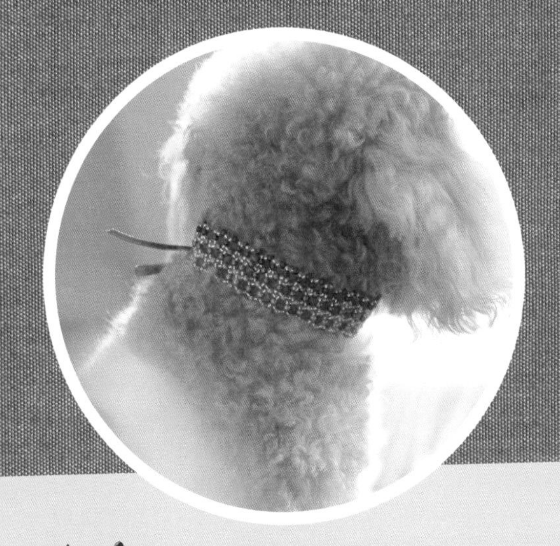

材料

仿珍珠[4 mm]	適量
玻璃珠[2 mm]	適量
擋珠	3顆
透明魚線	3條
緞帶	1條

做法

1. 依圖，將魚線穿入珠珠，完成第一列。(a)

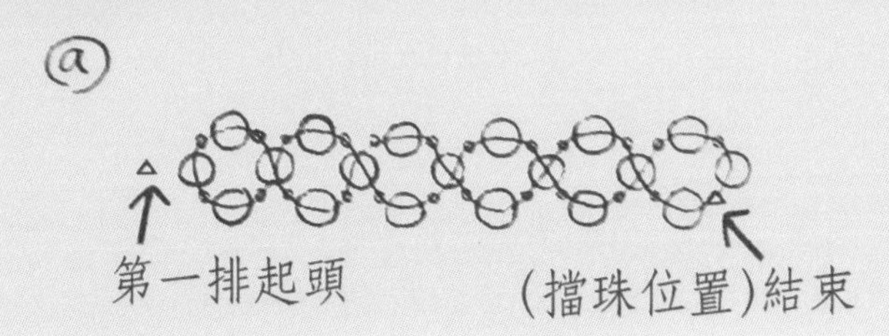

2. 依圖完成第二列和第三列，用擋珠結尾。(b → c)
3. 將緞帶綁上。

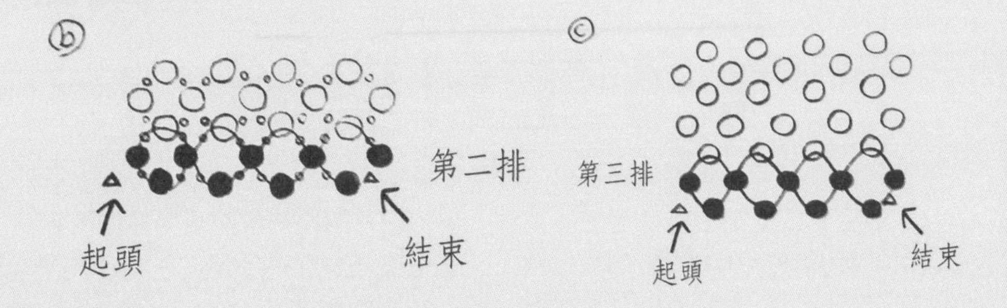

1-6 生日皇冠

狗寶貝在每個主人的心目中，就像是捧在掌心的小王子或小公主。所以在慶生會或是遇上特殊節慶的時候，身為主角的狗狗當然也要帶個小皇冠，突顯出獨特的身分囉！

材料

鋁線 [60 cm] 1 條	適量
水晶菱角珠 [5 mm]	適量
仿珍珠 [7 mm]	適量
仿珍珠 [5 mm]	適量
仿珍珠 [3 mm]	適量
緞帶	1 條

做法

1. 剪 20 公分的鋁線，一端用尖嘴鉗捲起，穿入珠珠。末端再捲起。(a)

2. 剩下的鋁線一端捲在第一條鋁線上，穿入第 1 段珠珠後，纏繞在鋁線上。(b)
3. 接著穿入第 2 段珠珠，再纏繞在鋁線上。
4. 以此類推，直到完成所有段落為止。將多餘的鋁線剪掉即完成。(c)

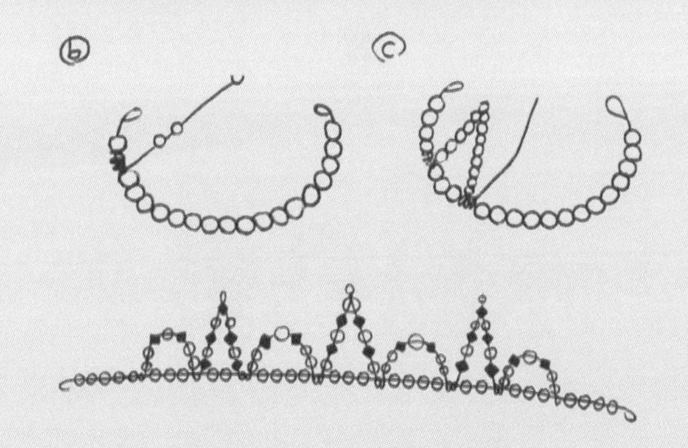

市售的皇冠大多為合金或壓克力的，不僅不易於固定在狗狗頭頂上，也很容易在大狗一甩或一踩下就變形或斷裂。用鋁線做皇冠的好處，是即使變形也只要輕輕調整，就可以恢復形狀囉！

1-7 水晶珠髮夾

水晶珠可以簡單地為狗狗帶來貴氣的奢華感，尤其適合有著捲捲長毛的狗狗。你看，搭配起來是不是很有歐洲宮廷的味道，讓我們家亮亮都亮起來了呢！

材料

迷你鯊魚夾	2 個
水晶水滴珠	6 顆
水晶圓珠	6 顆
T 字針	12 個
鋁線	1 條

做法

1. 將 T 字針穿入圓珠，頂端用尖嘴鉗彎成圓圈。(a)

2. 拿鋁線以「一個水滴珠、一個圓珠」的方式，分別穿入 3 顆水滴珠和 3 顆圓珠。(b)
3. 將鋁線兩端捲兩圈，綁在鯊魚夾上。
4. 另一個鯊魚夾也以同樣的方式完成。

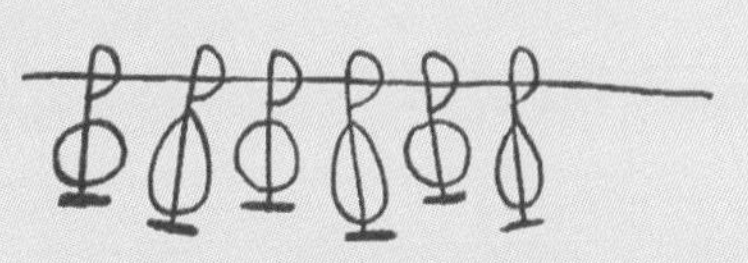

1-8 蝴蝶結髮夾

狗送美容院洗澡後，美容師常常會在長毛的耳朵上綁個可愛的蝴蝶結。我喜歡頭上綁有蝴蝶結的造型，這樣的頭飾稱為 Hairbows，可以讓狗狗更顯得甜美可愛。

只是綁毛的橡皮筋很容易傷害毛髮，造成打結或斷裂。所以若是改用手作蝴蝶結髮夾，就不需要擔心毛髮的傷害，而且任何人不需要特別學習，就可以替狗狗戴上各種造型的蝴蝶結。

做法

1. 將兩條緞帶 A 分別打成蝴蝶結，在中心處以 QQ 線纏繞數圈後固定。
2. 緞帶 B 在中央處打一個平結。
3. 把兩條緞帶 A 堆疊，將緞帶 B 綁在中央固定。
4. 將蝴蝶結縫在水滴夾上。
5. 另一個水滴夾也以同樣的方式完成。

材料

水滴夾	2 個
A. 緞帶〔30 cm〕	4 條
B. 緞帶〔10 cm〕	2 條
QQ 線	

1-9 緞帶頸圈

緞帶在歐洲十七世紀的時候，就已經是貴族們不可或缺的裝飾品．因為緞帶雖然只是個單純的長條物，但卻擁有多變的美感和樂趣。

在生活中，我也常常會拿到緞帶．像是收到禮物時，盒子上會有優雅的緞帶；或是當收到花束時，也會發現店家在包裝紙前用著華麗的緞帶作裝飾。

這些緞帶有紗質的，也有布面的；有素色的，也有花樣的．不論哪一種款式，都漂亮的讓人不忍拋棄．那麼，就來把這些美麗的緞帶變成隨著狗狗動作而帶有跳躍動感的裝飾品吧！

材料

A. 緞帶〔30 cm〕　50 條
B. 亮片　100 個
C. 彈性繩〔45 cm〕　1 條
D. 熱溶膠

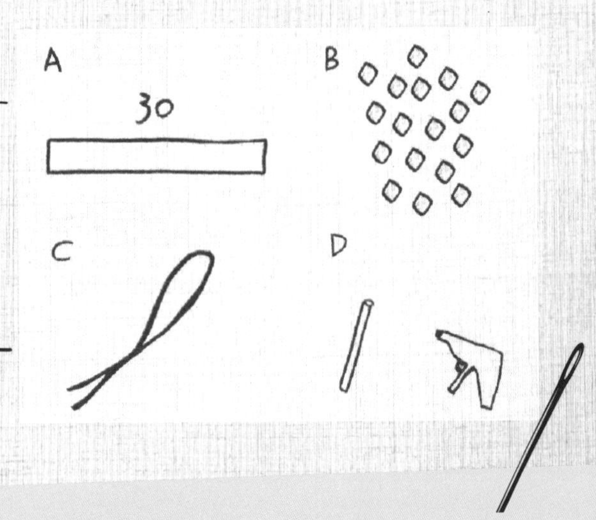

做法

1. 彈性繩末端打結成圓圈。(a)
2. 將緞帶一條條以打死結的方式綁在彈性繩上。(b)
3. 彈性繩綁完一圈緞帶後，用熱熔膠將亮片粘在緞帶的尖端。(c)

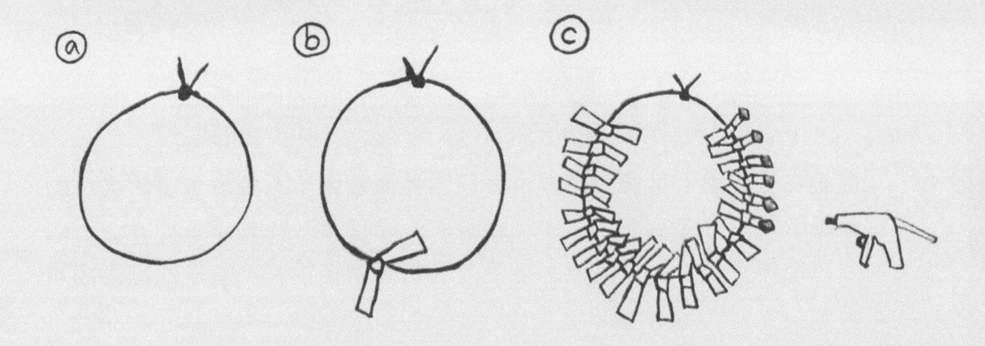

此款尺寸適合頸圍 40 公分左右的大型狗。若要製作不同頸圍的緞帶頸圈，可以測量狗狗的頸圍，加上打結處的長度後剪斷。

製作這個緞帶頸圈時，可以全部都使用一種緞帶，也可以運用二～三種緞帶互相交錯，就會變化出不同的風格喔！

1-10 嘉年華頸套

我有一隻貓偶，是穿著類似中世紀小丑的造型：一層層誇張的三角頸領，華麗的色彩，圓滾滾的泡泡袖和褲子，演繹出一種嘉年華狂歡會似的裝扮。就像在嘉年華的活動中，瀰漫著一點異國情調、一些奇幻絢爛的熱鬧氣氛。

我很喜歡這隻貓偶，因為他的裝扮是如此獨特，也也許是因為，他滿足了我對嘉年華奇幻般的嚮往。

看著貓偶，手縫出了一個三角頸套．因為今晚，我和我的寶貝就要在藝術、快樂、音樂等元素的裝點下，在自家舉辦一場嘉年華般的饗宴！

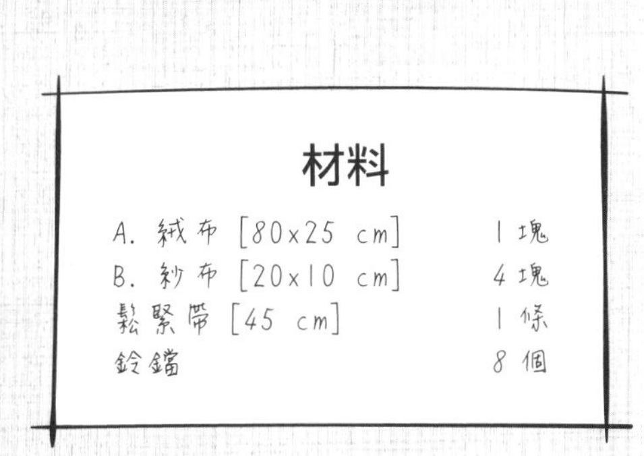

材料

A. 絨布 [80x25 cm]	1塊
B. 紗布 [20x10 cm]	4塊
鬆緊帶 [45 cm]	1條
鈴鐺	8個

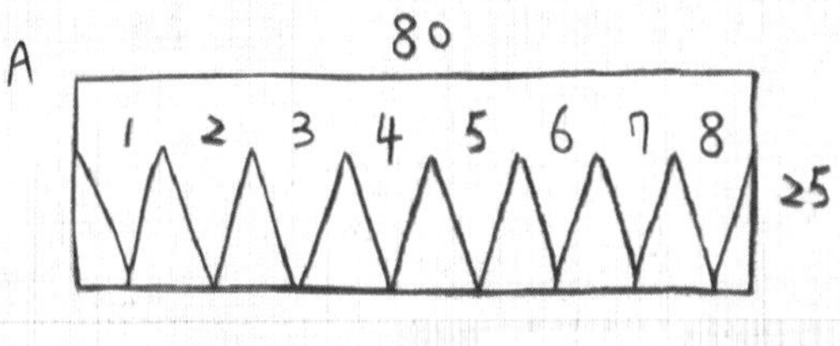

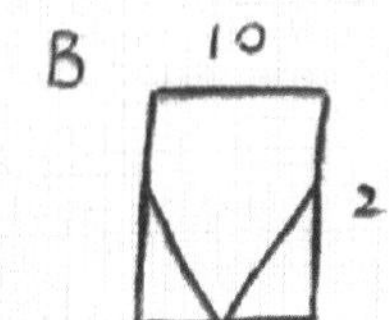

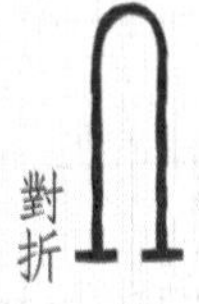

做法

1. 將 B 布依紙型裁剪，面對面沿邊縫合。
2. 翻出正面，沿邊壓線。
3. 將 A 布正面對折，依紙型裁剪後，沿邊縫合。(a)
4. 翻出正面，將三角形整理好。
5. A 布穿入鬆緊帶，將鬆緊帶兩端打結。再用藏針縫將兩端縫合。(b)

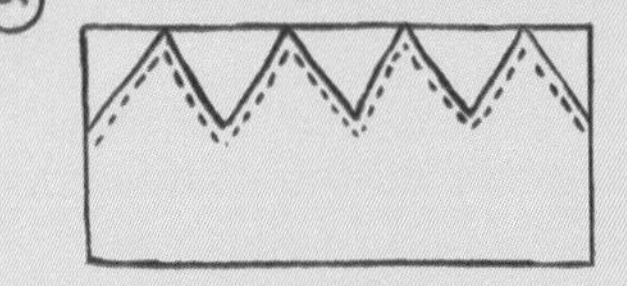

6. 縫上 A 布的三角。
7. 在三角頂端縫上鈴鐺。

1-11 不織布甜甜圈耳套

不織布是一種類似毛氈布質感的布料，因為顏色豐富，耐久性強，不易起毛球，而且不會有毛邊的困擾，是做手工香包的最佳材料。也因為它的可塑性高，最適合用來呈現出充滿了夢想與憧憬的作品，連最愛的甜甜圈也能簡單就做出來囉！

材料

A. 咖啡色不織布［12x12 cm］	1塊
B. 粉紅色不織布［12x12 cm］	1塊
長型彩珠	少許
內棉	適量
繩［40 cm］	1條
彈簧扣	1個

A 12 12

B 12 12

做法

1. 用咖啡色不織布剪出甜甜圈的本體，用粉紅色不織布剪出甜甜圈上的奶油。(a)
2. 將彩珠隨意縫在粉紅色不織布上，再將粉紅色不織布縫在咖啡色不織布上。(b)

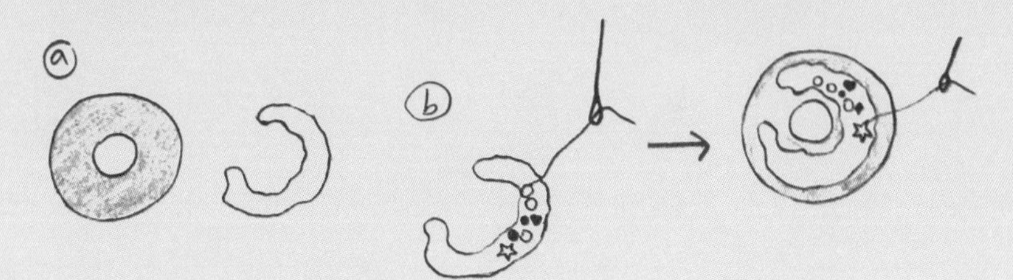

3. 把咖啡色不織布的主體縫合，並同時塞入內棉再縫上繩子。(c)

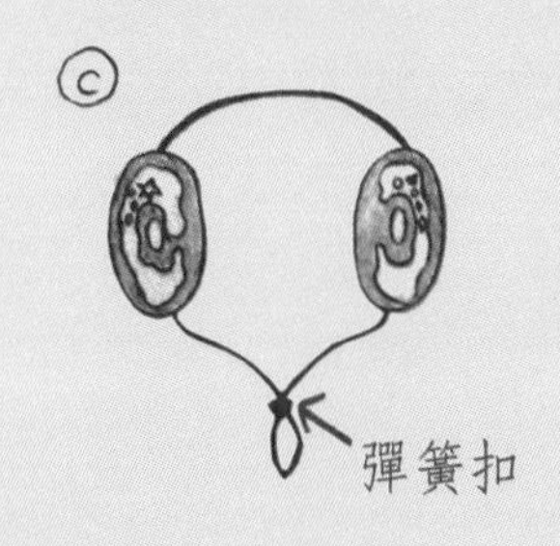

1-12 不怕溼水果耳套

我喜歡長耳狗狗，若是再加上長長的毛，那耳朵摸起來就更有觸感。像是我們家可卡的兩大片耳朵，就是冬天抓在手裡最棒的暖暖包。只是那長耳朵往往在喝水時，也會跟著在水面上飄，當狗喝完水一轉頭，那甩濺出的水滴還真不少，而且總是弄得地板濕答答的。

若是能把耳朵通通包起來，就不會有這樣的困擾，還可以讓狗狗變成可愛的水果頭！

材料

棉布 [30x60 cm]	1 塊
綠色不織布	1 塊
咖啡色不織布	1 塊
鬆緊帶 [35 cm]	2 條
保麗龍膠	1 罐
繡線	

做法

1. 棉布正面對折，沿邊縫線。
2. 翻至正面，在長邊兩側內 2cm 處縫一條線。
3. 將鬆緊帶分別穿過後，將兩端打結。
4. 把棉布兩端以藏針縫縫合，成筒狀。
5. 用繡線在不織布葉子上縫出葉脈。把咖啡色不織布捲起，以膠粘合固定，做成樹梗。
6. 最後用膠把葉子和樹梗粘上。

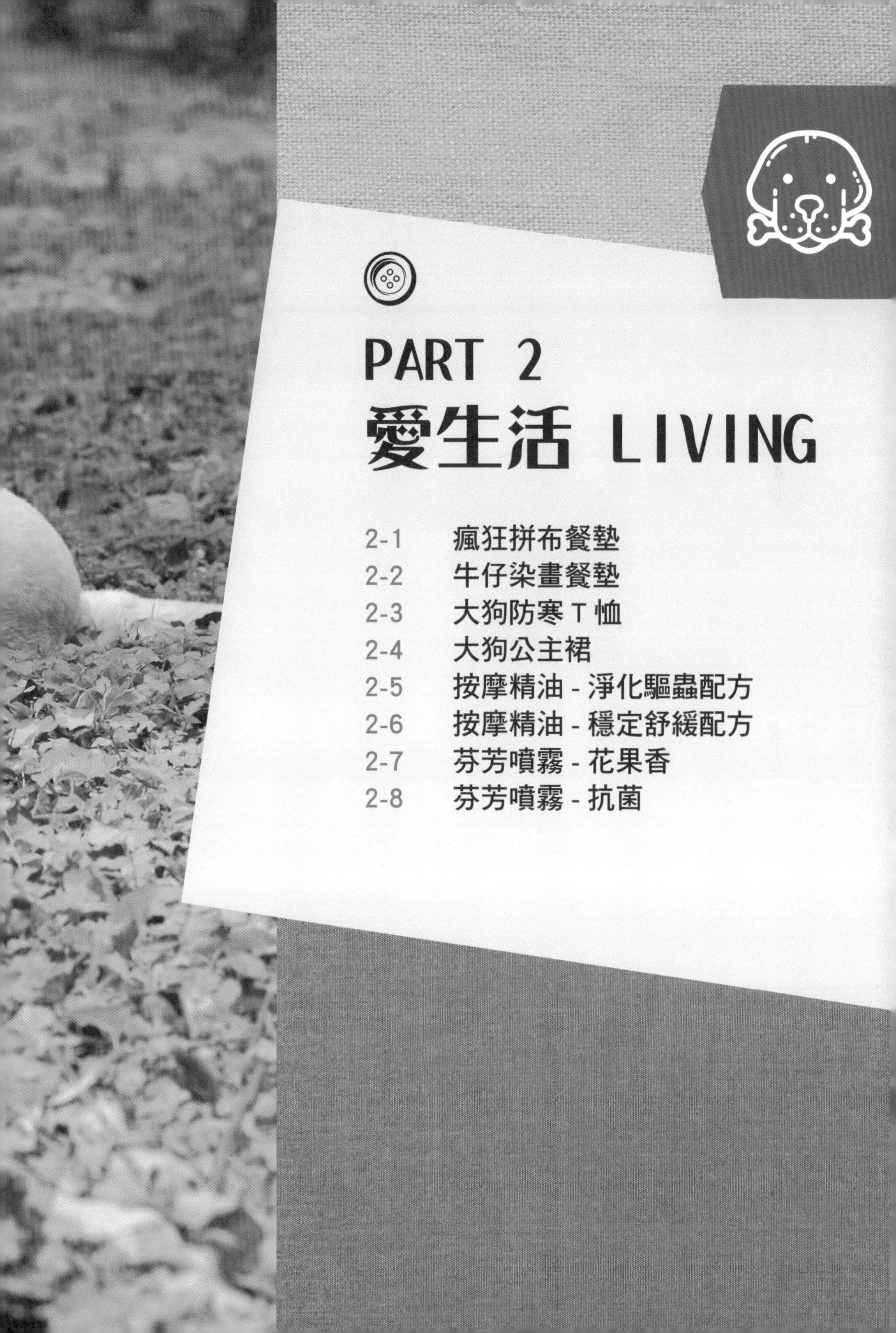

PART 2
愛生活 LIVING

2-1 瘋狂拼布餐墊
2-2 牛仔染畫餐墊
2-3 大狗防寒 T 恤
2-4 大狗公主裙
2-5 按摩精油 - 淨化驅蟲配方
2-6 按摩精油 - 穩定舒緩配方
2-7 芬芳噴霧 - 花果香
2-8 芬芳噴霧 - 抗菌

2-1 瘋狂拼布餐墊

瘋狂拼布是將許多沒有一定規則的布縫在一起。而之所以被認為瘋狂，可能是因為布片都不是固定的形狀，接合也不是照著一定的規矩。我很喜歡瘋狂拼布那種隨性、無拘無束、自由變化的概念，所以隨意拿紙剪了一個正方形，再隨意剪成六片，然後開始享受這隨意亂配的樂趣。

材料

A. 表布 [10x10 cm] 棉布　36塊
(6種布各6塊)
B. 底布 [20x30 cm] 棉布　1塊
布襯 [20x30 cm]　1塊

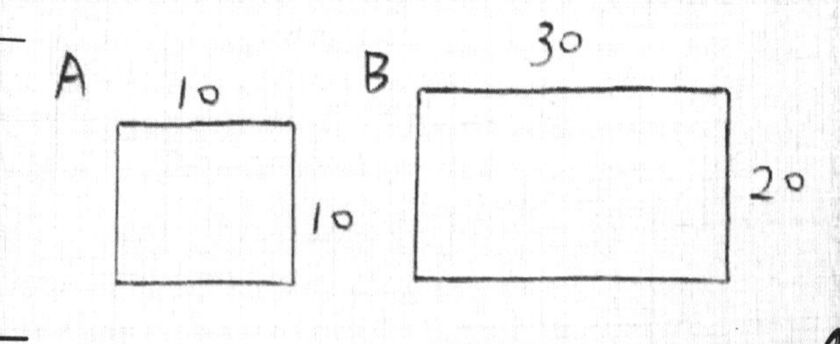

做法

1. 先製作瘋狂拼布的板型。在紙上剪下正方形，依紙型剪成6片，並依序標上號碼。(a)
2. 依照各個紙片分別切割6塊花棉布，每塊花布裁切6片。
3. 依照紙型的號碼，將花布塊依序接合，即可組合成正方形。
4. 將六個正方形接合，成一大片長方形的表布。
5. 剪下骨頭狀的紙型，貼在表布、底布、布襯上裁切。(b)
6. 將表布和底布正面對正面，加上布襯後沿邊縫一圈，留下返口。
7. 從返口翻出正面，沿邊再壓一圈線即可。

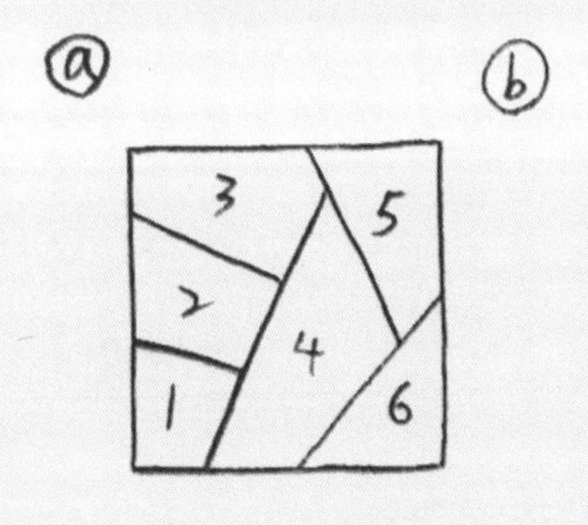

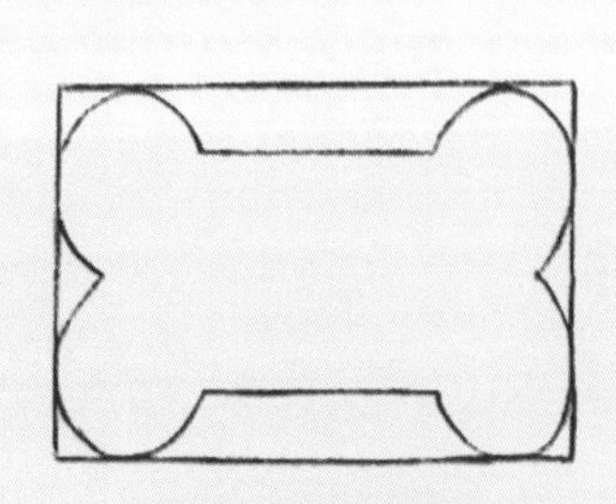

剪出骨頭形狀

A 原尺寸版型

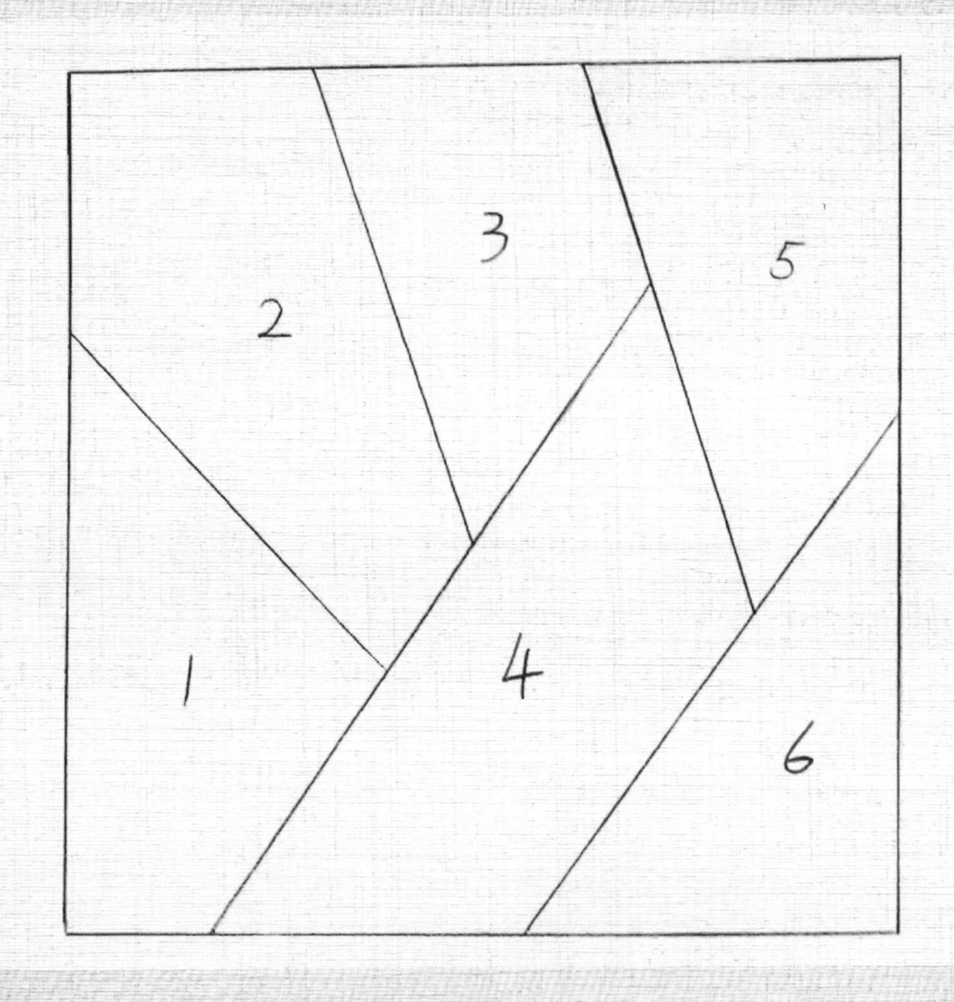

B 原尺寸版型

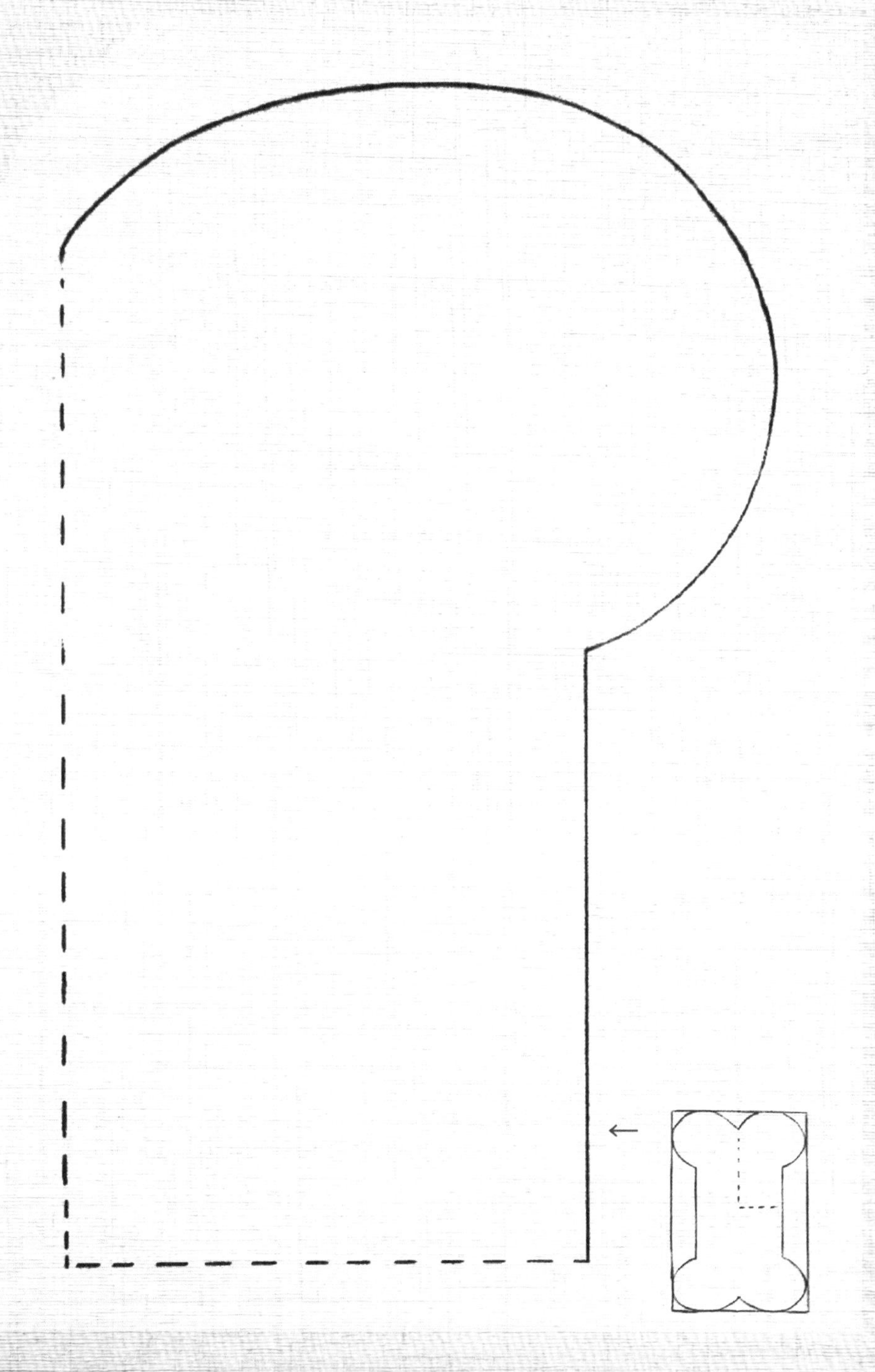

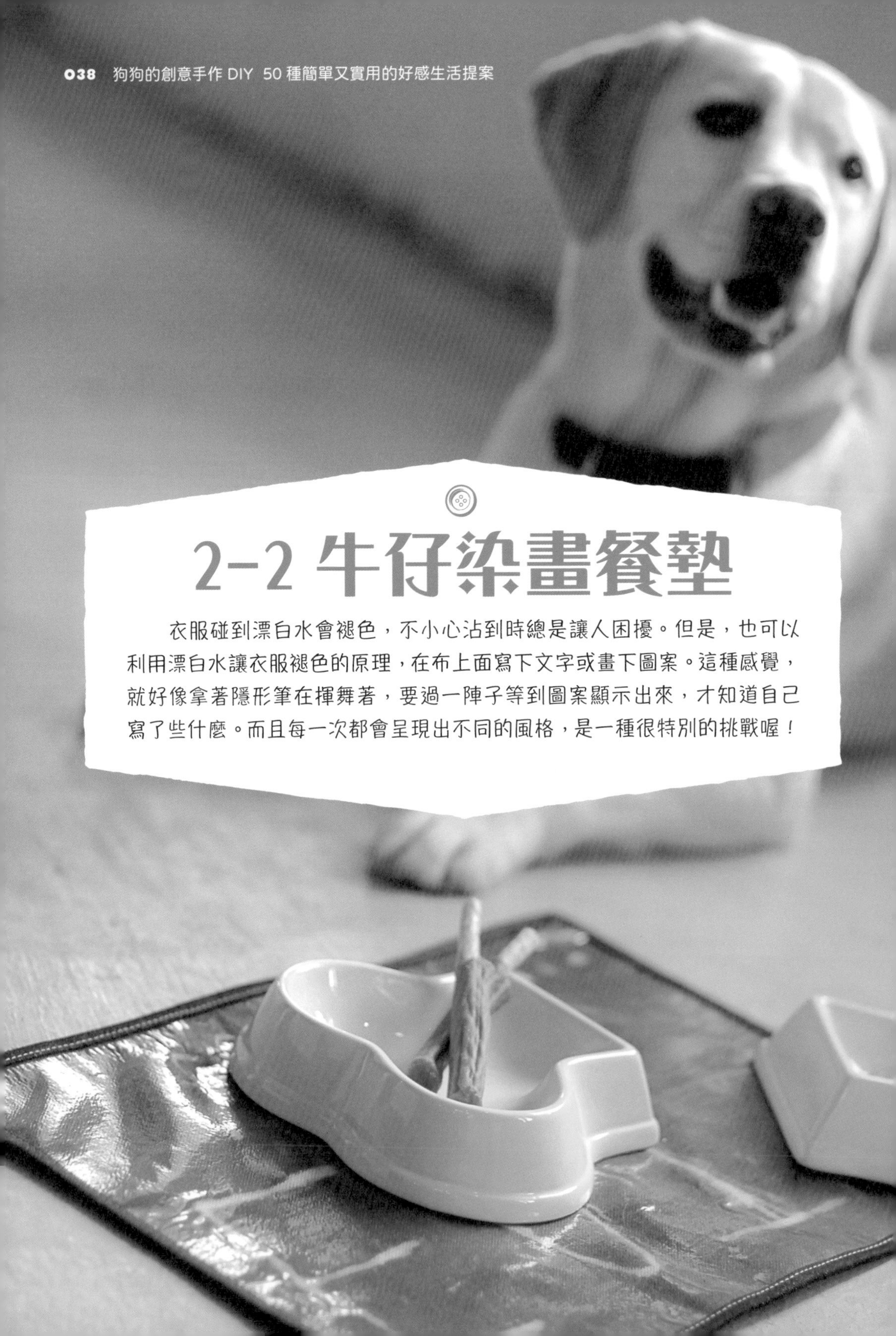

2-2 牛仔染畫餐墊

衣服碰到漂白水會褪色，不小心沾到時總是讓人困擾。但是，也可以利用漂白水讓衣服褪色的原理，在布上面寫下文字或畫下圖案。這種感覺，就好像拿著隱形筆在揮舞著，要過一陣子等到圖案顯示出來，才知道自己寫了些什麼。而且每一次都會呈現出不同的風格，是一種很特別的挑戰喔！

材料

A. 表布 [40x30 cm] 牛仔布	1塊
B. 布條 [140x4 cm] 牛仔布	1塊
衛生筷	1支
防水膠膜	1片
漂白水	

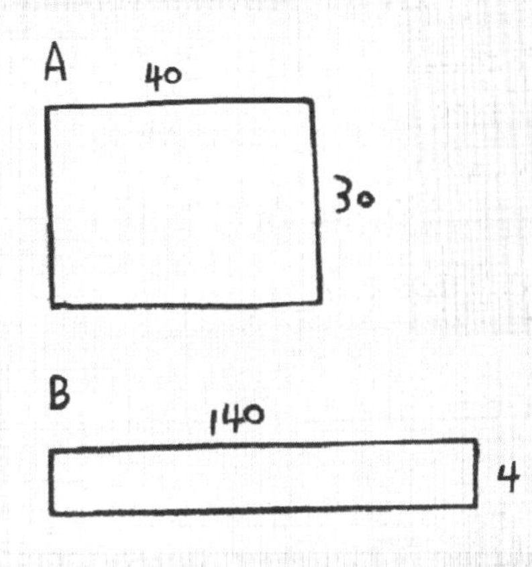

做法

1. 將衛生筷浸泡在漂白水中。
2. 牛仔布依版型裁切後，用沾有漂白水的筷子在布上寫字。
3. 待布上的顏色褪去，顯露出寫的字後，將膠膜仔細貼在布面上。
4. 沿布邊加上一圈滾邊條即可。(a)

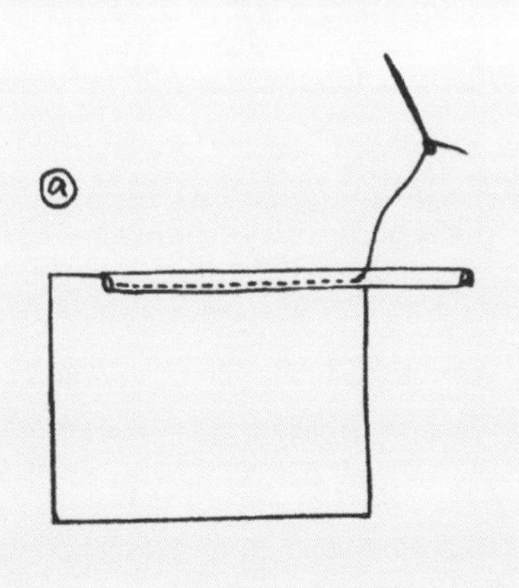

2-3 大狗防寒 T 恤

每次逛寵物精品店，或是當冬季想為狗添件暖衣時，養大狗的人常常用非常羨慕的眼神，望著架上一件件，有著可愛圖案的小狗衣。大狗衣不是沒有貨源，就是走運動風，實在讓也想給自家大狗裝扮的飼主感到失望。我們家大狗就常常被問到身上可愛的衣服是在哪兒買的？答案其實很簡單，因為大狗的身材幾乎等同一個小孩，那不如就拿市面上琳瑯滿目的童衣來改造吧！

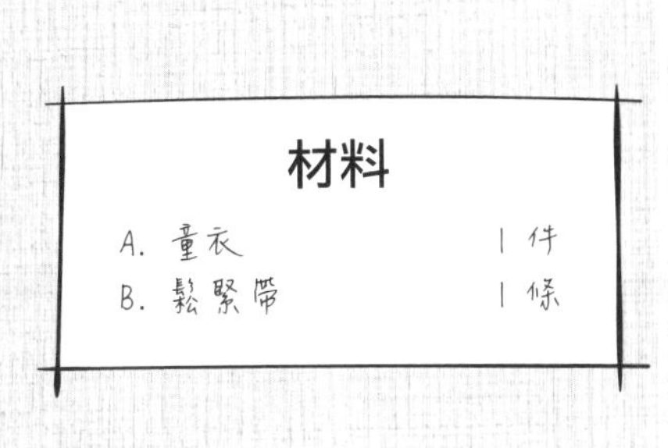

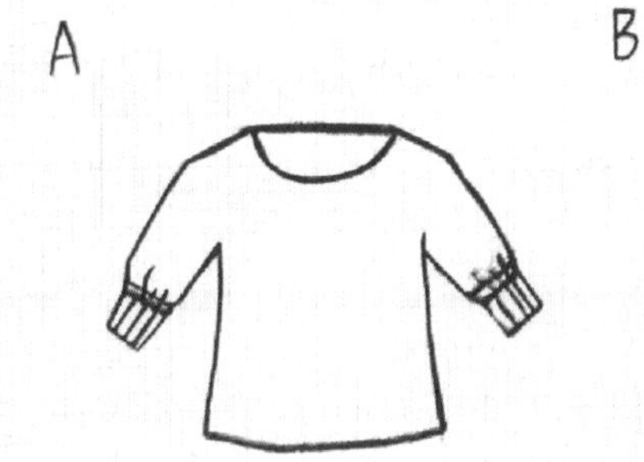

做法

1. 測量大狗肩到肩的距離，這就是要買的童衣的寬度。
2. 將童衣的袖口拆下，剪短袖子，再在把袖口縫上。(a)
3. 在下擺兩側各剪一個小洞，將鬆緊帶穿過。(b)
4. 先用針縫固定一端的鬆緊帶，並把小洞用藏針縫封起來。
5. 從另一端的洞將鬆緊帶拉到最緊，也針縫固定，並將小洞縫起。

購買童衣的時候，在挑選時要注意幾點：

因為狗狗的脖子比小孩粗，所以童衣的領口不能太小，最好選擇領口寬且有彈性的。

不要挑選裙裝或下擺散開的樣式，因為狗狗不像小孩是站立著的。而且狗狗的腰部比較細，所以這樣的款式讓狗狗穿上時，下擺會往下垂掉。

因為童衣的正面會是在狗狗的背上，所以若要挑選有帽子的款式，衣服的正面就會變成在狗狗的肚子下面喔！

2-4 大狗公主裙

小狗的衣服有各式T恤、吊帶褲、洋裝，甚至還有可愛的裙子。我們家的大狗也是女生，我也想替自家大狗穿上漂亮的裙子。但是中大型狗的衣服除了上衣外，幾乎沒有太多的設計和變化。

逛市場時發現童裝店裡的小裙子好可愛，有牛仔布，也有紗裙的款式。而且那裙子的腰圍和自家大狗差不多，就直接改成大狗可以穿的裙子吧！

材料

童裙	1 件
裙頭 [10x15 cm] 棉布	2 塊
鬆緊帶 [10 cm]	2 條

做法

1. 測量大腿根部到大腿跟部的長度，這就是裙子的腰圍。
2. 將裙子從中間剪開，剪開的布邊往內折 1 公分，沿邊壓線。(a)
3. 接著製作裙頭。棉布往內折，夾入鬆緊帶，兩側沿邊壓線。
4. 兩條布帶一端分別縫於裙頭的兩端，另一端縫上魔鬼粘。(b)

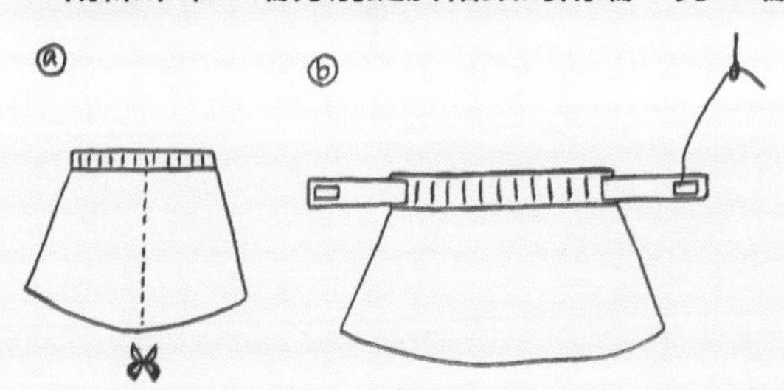

每次買童裝的時候，老闆總會好意的問說：「小孩多大了？幾歲的小孩要穿？」

這些問題總是讓我很不好意思，也不知該怎麼回答，因為我挑選衣服是要買給自家狗狗穿的呀！

後來，我都直接笑著對店家說，沒關係，我自己慢慢看。

2-5、2-6 按摩精油

我們家常常在假日出門遊玩，而每回出去時，狗兒們總是像脫韁野馬般盡情狂奔，或是拚了命地游泳。玩樂是一件好事，不過狗狗過度玩樂後的肌肉，也會像我們運動過度後，有緊繃和痠痛的感覺。

若是給狗狗來個精油按摩，不僅可以促進人狗間的親密關係，而且透過按摩，精油可以快速滲透皮膚，紓解肌肉在運動後的緊繃壓力，讓狗狗更舒服。

淨化驅蟲配方

材料

薄荷精油	2滴
天竹葵精油	1滴
尤加利精油	1滴
荷荷芭油	10ml

穩定舒緩配方

材料

羅馬洋甘菊精油	1滴
鼠尾草精油	1滴
依蘭依蘭精油	1滴
荷荷芭油	10ml

做法

將精油與荷荷芭油調勻後，倒 2-3 滴在手掌上，抹開搓熱後順著毛，幫寶貝的背部和四腳按摩。

我有時會特別將按摩油塗抹在狗狗的肉墊上，讓粗粗的肉墊吸收荷荷芭油滋潤的成分。因為荷荷芭油的成分類似皮膚的油脂，可以輕易滲透肌膚，強力進入肉墊龜裂的深層，增加肉墊的修復防護能力。

除了幫狗狗按摩外，也可以採用熱敷的方式。我會在臉盆中準備熱水，並滴入精油。然後將毛巾浸入熱水中，充分沾濕後扭乾，再把熱毛巾放在狗狗的關節處或四肢上，讓熱熱的毛巾把精油分子和肌膚做接觸。

2-7、2-8 芬芳噴霧

狗狗睡覺的地方，上廁所的地方，可能都會遺留一些異味。這些淺淺的騷味，雖然不一定很強烈，但對嗅覺敏感的人來說，就會是一種困擾。

這時，運用天然精油來揮發香氛，就可以驅除這些異味分子，讓空間變得香香的！

花果香

材料

橙花精油	2滴
葡萄柚精油	1滴
天竹葵精油	1滴
乳化劑	4滴
水	200ml

抗菌

材料

薰衣草精油	1滴
芬多精精油	2滴
茶樹精油	2滴
90%藥用酒精	30ml
水	20ml

做法

花果香

1. 將精油、乳化劑和水全部倒進噴頭瓶中。
2. 裝上噴頭，充分搖晃均勻即可。

抗菌

1. 將精油、乳化劑和水全部倒進噴頭瓶中。
2. 裝上噴頭，充分搖晃均勻即可。

精油因為是從植物提煉的揮發物質，多少都具有讓蟲忌避的成分。所以精油噴霧可以直接噴灑在家中的牆角，來驅除牆角的小蟲子。

在外出時，也可以輕輕噴灑在自己的手腳或狗狗的毛上，而且由於精油是自然成分，因此即使直接碰觸到肌膚也無害。

和狗狗共享一個精油世界，不僅是用在按摩和噴霧而已。在我們家，還有許多運用到精油的地方。除了最常見的利用薰香器讓精油擴香外，在拖地、擦桌子時，可以在水中加一些精油，這樣擦過的地方就會香香的。還有在洗衣服時滴些精油，也可以幫衣物和狗狗的寢具做清潔去菌。

PART 3
愛休憩 SLEEP

3-1 大圓軟軟床
3-2 三角床窩
3-3 四方折墊
3-4 厚棉軟軟墊
3-5 開心嬉遊毯
3-6 車子防污捲捲毯
3-7 身長趴墊
3-8 蘋果百納被

3-1 大圓軟軟床

軟軟的床是狗兒的最愛，尤其在冬季寒冷的夜晚，看著寶貝窩陷在大大軟軟的床裡，總是讓人覺得幸福又溫暖。這款大大的圓床我常常在做，因為最簡單，完成的速度也最快。而且往往在最後塞棉的時候，寶貝們已經迫不及待地爬上已經塞了棉花的部分躺著呢！

材料

A. 正面〔90x90 cm〕布　2塊
B. 側邊〔10x285 cm〕布　1塊
內棉

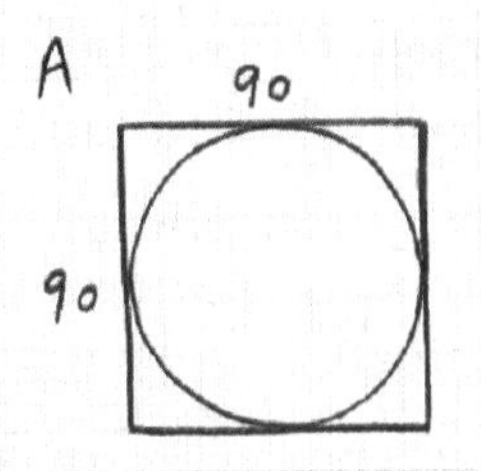

B 285 10

做法

1. 在牛皮紙上畫出直徑為 90 公分的半圓形，剪下紙型。
2. 在家飾布上依照紙型畫出兩個大圓，剪下。
3. 剪 10 公分寬的直條。
4. 拿一片圓形布和直條的一側，正面對正面，開始縫一圈。(a)
5. 取另一片圓形布，和直條的另一側開始接縫。
6. 將布套從返口翻至正面後，塞入棉花。(b)
7. 最後將直條的頭尾以藏針縫接合。

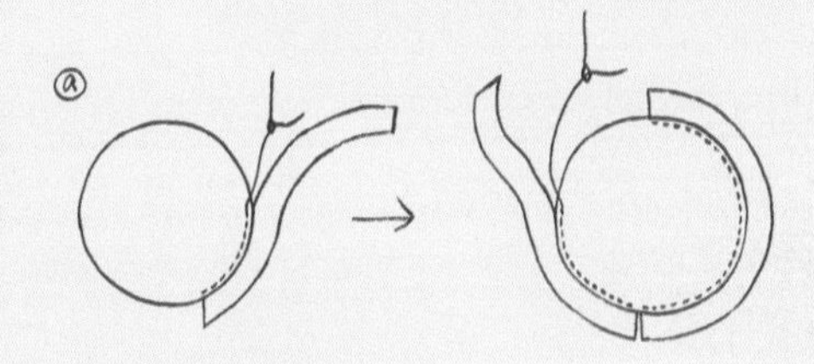

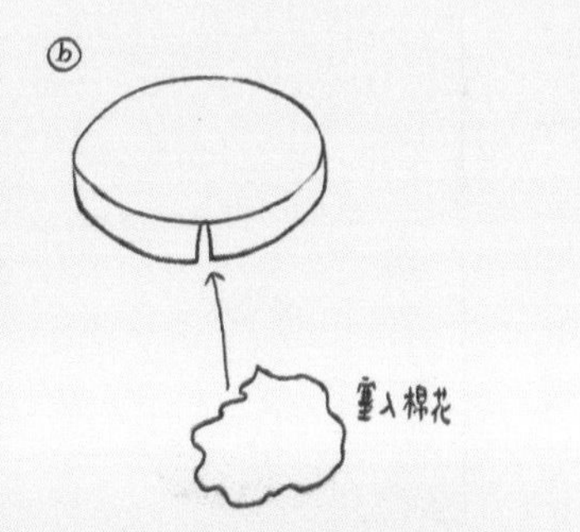

這款大圓床可以依照狗狗體型的大小，決定圓床的直徑大小。

側邊的直條長度，即為〔圓床直徑 ×3.14 〕。如果直條的長度不夠，可以用接的。

大床我選用的是家飾布。家飾布一般來説會比其他布料的質料厚實，而且織數越大的布款質感越是緊密。因此在給狗狗使用上，也就更為耐用。

家飾布的圖案則可分為印花和緹花。印花布是在布料的表面印上各式的圖案，圖案僅著色於布料的表面；而緹花布的圖案則是用機器編織出色彩的，比較有立體感，但缺點是容易被狗爪子勾線而抓毛。

3-2 三角床窩

長長的軟床平常都是平鋪著使用，有一天在剛洗好、捲起來的軟床中，發現了不知何時擠在其中睡覺的小狗。哈！原來，捲起來的軟床變成一個洞窟的感覺，讓小狗躲在其中，更有安全感也更保暖！

材料

表布［90x40 cm］ 2塊
緞帶［20 cm］ 4條
內棉

做法

1. 將表布正面對正面，在短邊各加上兩條緞帶，以珠針固定。(a)
2. 從短邊開始接縫三側面。(b)

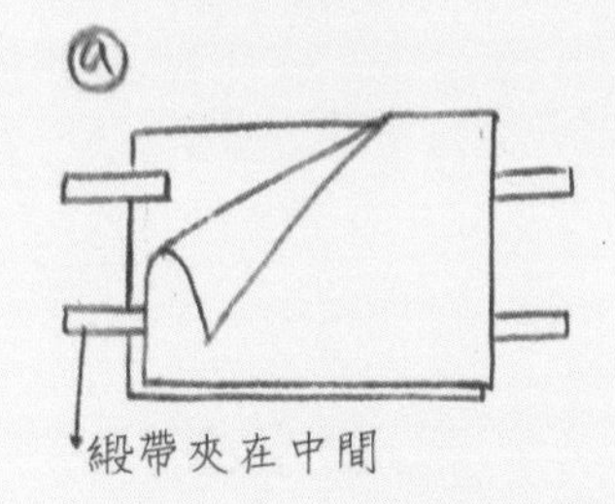

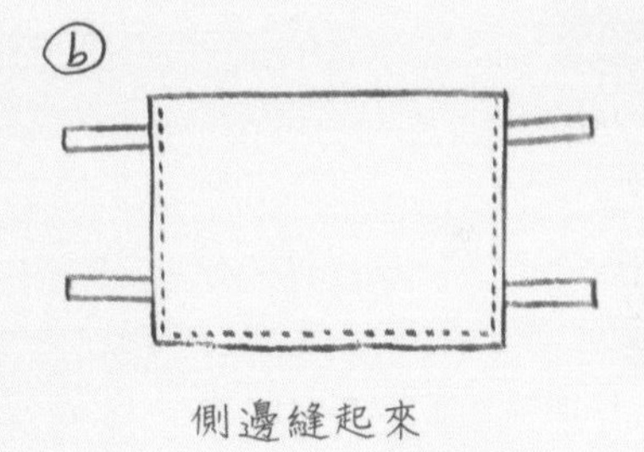

3. 翻至正面，縫分隔線。(c)
4. 塞入棉花後，用藏針縫將側邊縫合。(d)

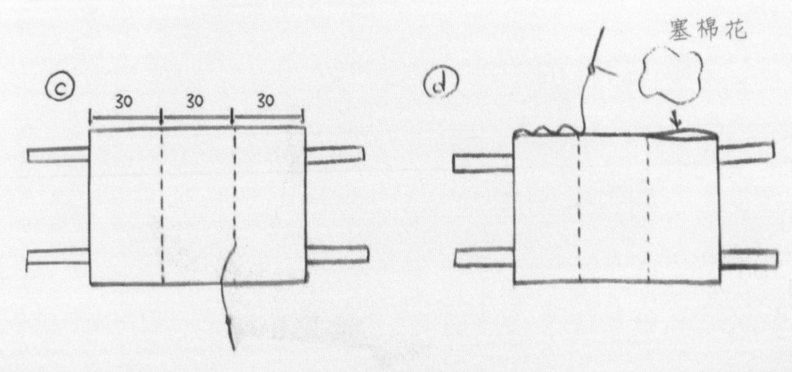

內棉塞入的多少，會決定床窩的軟硬度喔！

3-3 四方折墊

一片柔軟的室內舖墊，看起來沒有什麼特別。
但是只要把四個角角稍微折一下，就變成是一個有邊邊的床窩囉！

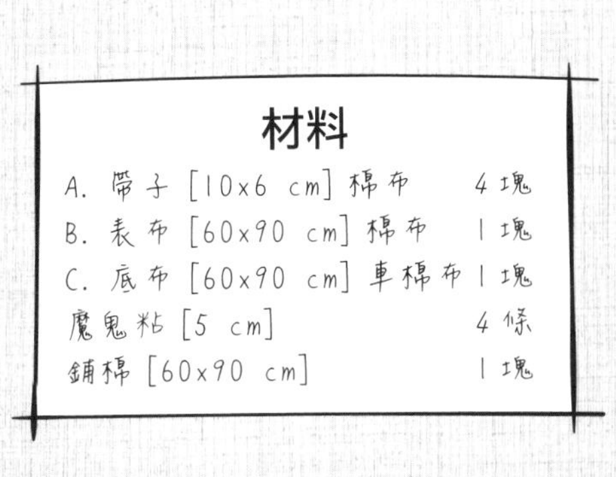
材料

A. 帶子 [10x6 cm] 棉布 4塊
B. 表布 [60x90 cm] 棉布 1塊
C. 底布 [60x90 cm] 車棉布 1塊
魔鬼粘 [5 cm] 4條
鋪棉 [60x90 cm] 1塊

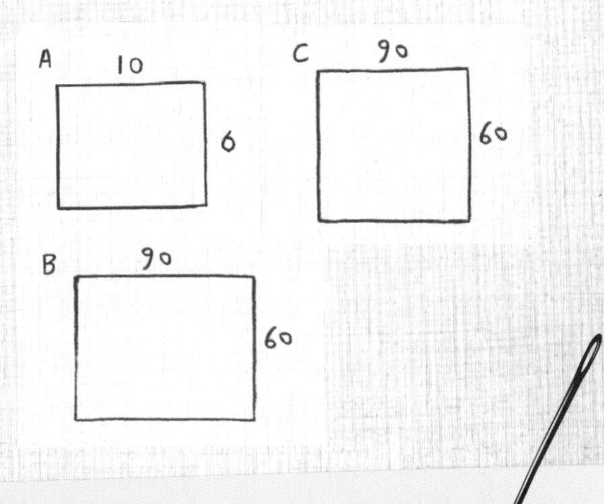

做法

1. 先製作帶子。將 A 布反面對折，沿邊縫線後翻回正面。在帶子端縫上一面魔鬼粘。(a)
2. 接下來製作墊子。在底布四側縫上另一面的魔鬼粘。(b)

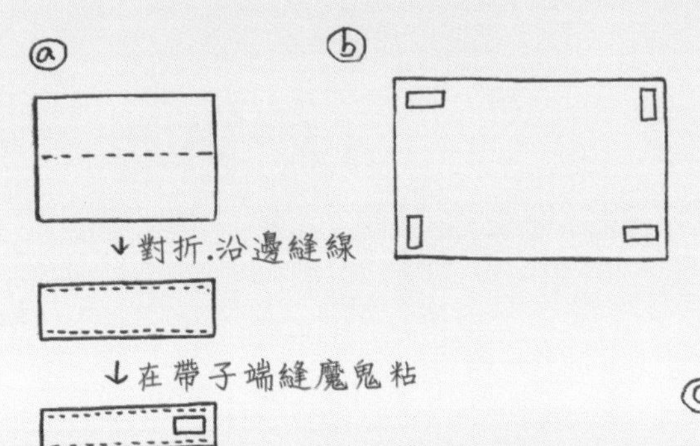

3. 表布、車棉布面對面，加上鋪棉、4 條帶子，沿邊縫一圈，預留返口。(c)
4. 從返口翻出正面，以藏針縫縫合返口。
5. 距離邊緣 5 公分處，壓一圈線即可。

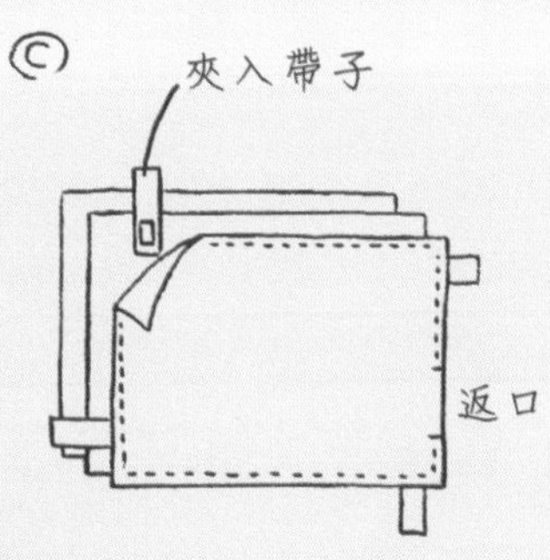

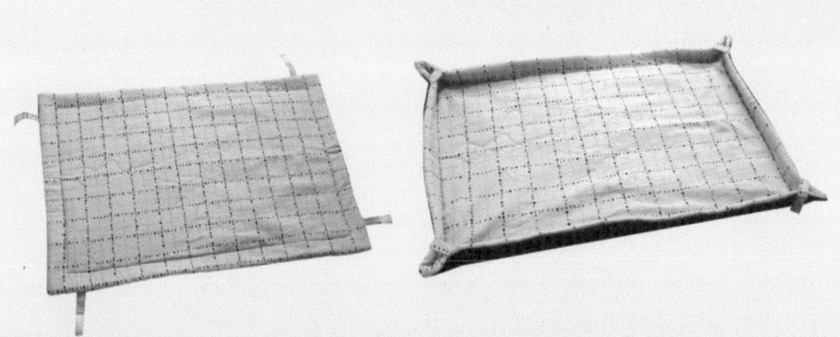

3-4 厚棉軟軟墊

這是一款大床，而且是一個睡起來有邊、有枕頭的大床。其實這款床型在市面上都可以看的到，只是尺寸都比較小，僅適合小型的狗狗睡。所以，既然買不到適合的尺寸，為了自家大狗，乾脆就自己來做一個吧！

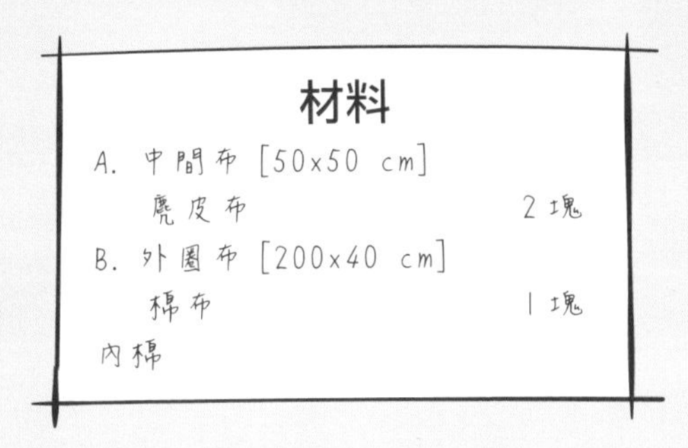

材料

A. 中間布 [50x50 cm]
麂皮布 2塊
B. 外圈布 [200x40 cm]
棉布 1塊
內棉

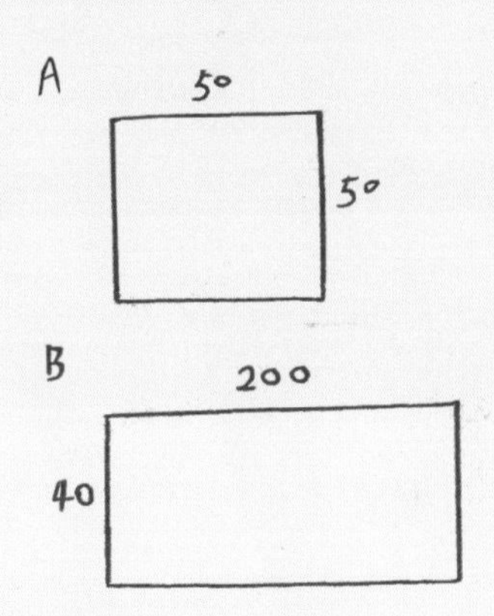

做法

1. 外圈布短邊正面相對，縫合。(a)
2. 棉布翻至正面，保持對折，從中間布的側邊開始接縫。(b)
3. 縫製半圈時，開始在外圈布和中間布中塞入內棉。(c)

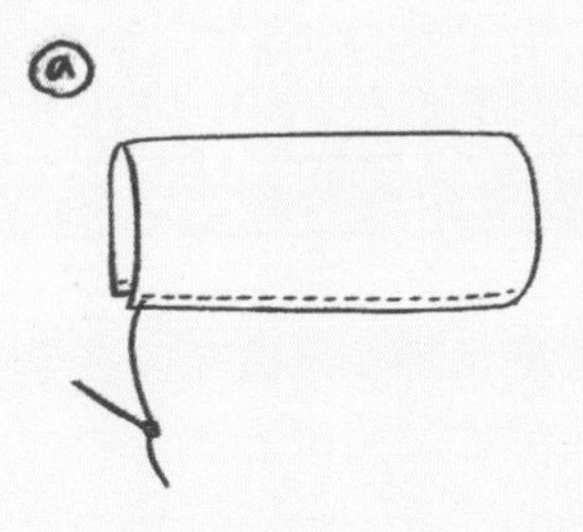

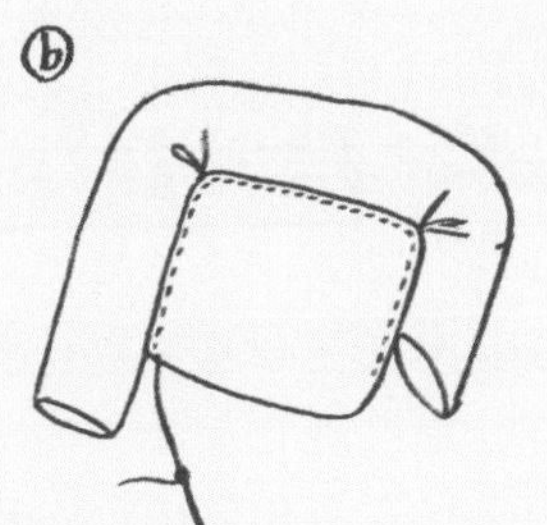

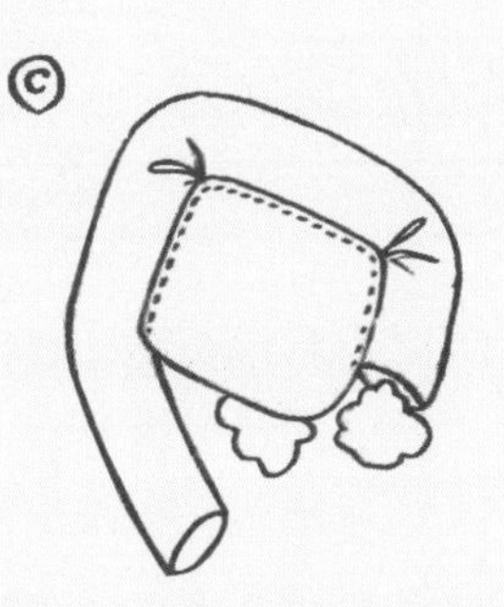

4. 邊縫邊塞內棉，直至整圈縫合為止。
5. 最後再縫一圈布邊縫即可。

3-5 開心嬉遊毯

調皮的小狗就跟小孩子一樣，對什麼事物都充滿好奇。在嬰兒的成長過程中，遊戲毯可以提供感官上的刺激。同樣的，鮮豔的色彩、不同的布質觸感和啾啾叫的小玩具，也能吸引小狗的注意。給小狗狗的遊戲毯不只能鋪在地上玩，也可以掛在圍欄上或籠子邊，讓小狗去拉扯，增添更多玩耍的趣味。

材料

材料	數量
A. 表布 [20x20 cm] 花棉布	5塊
B. 表布 [20x20 cm] 素棉布	3塊
C. 表布 [20x20 cm] 絨布	1塊
D. 底布 [60x60 cm] 棉布	1塊
E. 帶子 [10x6 cm] 棉布	1塊
F. 帶子 [10x8 cm] 棉布	4塊
G. 鋪棉 [60x60 cm]	1塊
玩具	2個
結繩骨頭	1個
魔鬼粘 [5 cm]	2片
鬆緊帶 [10 cm]	1條
內棉	

A B C 20 20

D 60 60

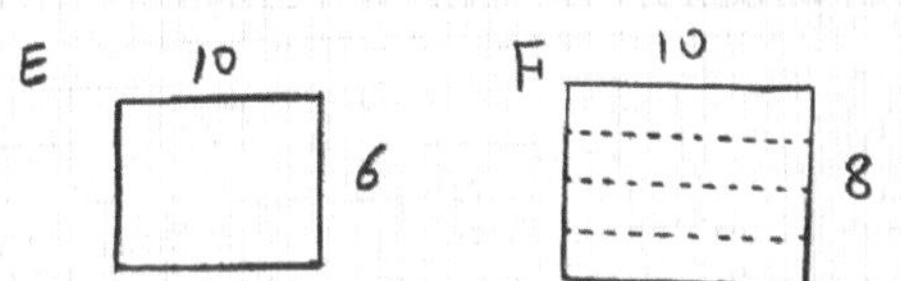

做法

1. 先製作嬉遊毯的正面。將正方形的A、B、C布，拼接成一大片表布。(a)
2. 將表布放在鋪棉上，沿布的交接處做壓縫。
3. 製作固定毯子的帶子。把棉布F往內對折，製作成帶子，縫上魔鬼粘。(b)
4. 再來完成毯子主體部分。表布和底布面對面，加上帶子，沿邊縫一圈，預留返口。
5. 從返口將毯子翻回正面，用藏針縫縫合。
6. 將玩具縫在布上。
7. 把棉布E往內對折，製作成一條帶子，把結繩骨頭固定於素布上。

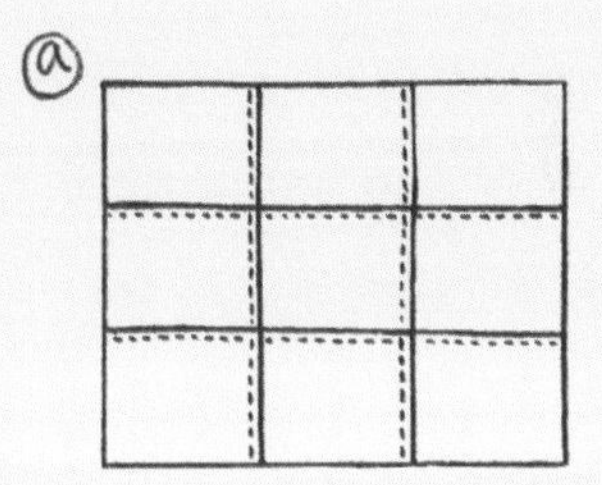

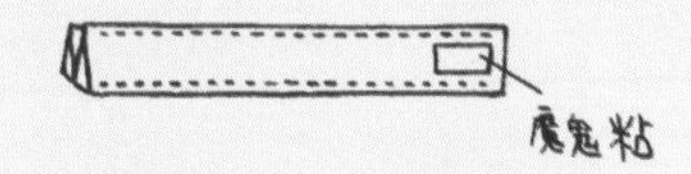

3-6 車子防污捲捲毯

在車上放一塊給寶貝專用的毯子，這樣子當狗狗上車時，就不用擔心牠把座椅踩得髒髒的。用絨布做一個手長腳長的長耳狗，不僅可以當枕頭，也可以咬著玩。更棒的是，這個狗狗的長手長腳還還可以把毯子捲起來固定。這樣當狗狗沒坐車的時候，就可以輕鬆地把毯子收到後車廂囉！

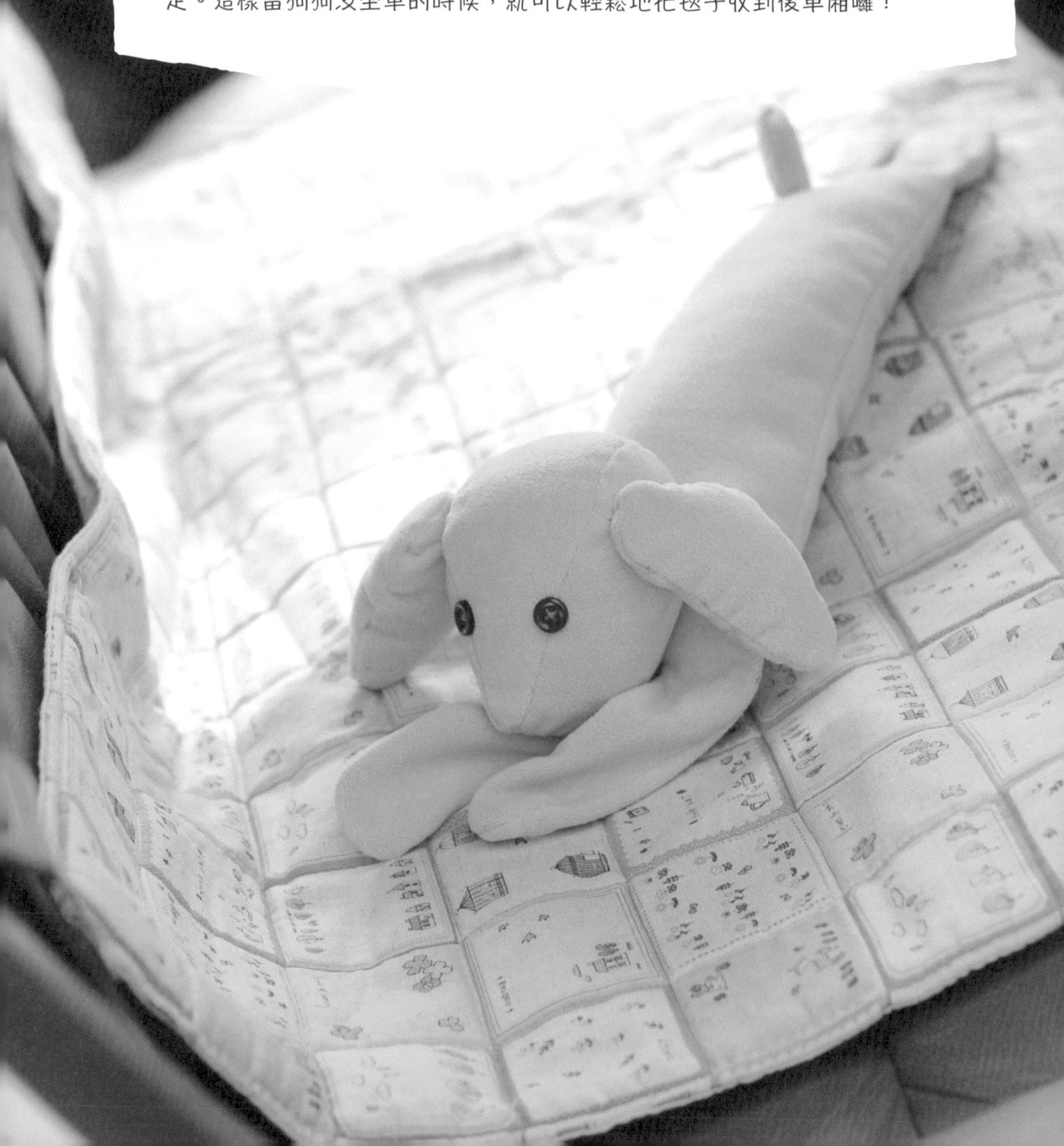

材料

A. 毯子表布 [90x60 cm]
　棉布　1塊
B. 毯子底布 [90x60 cm]
　棉布　1塊
C. 狗狗布偶 [40x40 cm]
　珍珠絨布　1塊
D. 鋪棉 [90x60 cm]　1塊
木釦子　2顆
魔鬼粘 [5 cm]　2片
內棉

做法

1. 先製作毯子。將表布和底布面對面，沿邊縫一圈，預留返口。
2. 從返口將毯子翻回正面，用藏針縫縫合。沿邊再壓線一圈。
3. 再來製作狗布偶。依照版型裁剪頭部、耳朵、身體、尾巴的布片。
4. 耳朵面對面縫合，翻至正面。
5. 側片頂部接合。(a)
6. 將頭部側片和前片縫合，夾入耳朵。(b)
7. 把頭翻出正面，塞入內棉後，縫合頭底部。
8. 身體前後腳分別縫上魔鬼粘的子母片。
9. 身體面對面沿邊縫合，預留返口。(c)
10. 將身體翻出正面，在腳靠近身體的部分，壓一條線。
11. 從返口塞入棉花後，將返口縫合。
12. 最後在身體縫上頭部、尾巴。

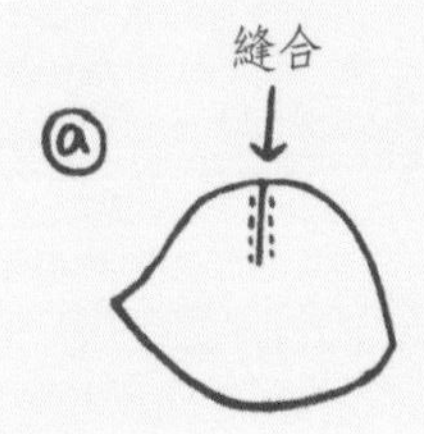

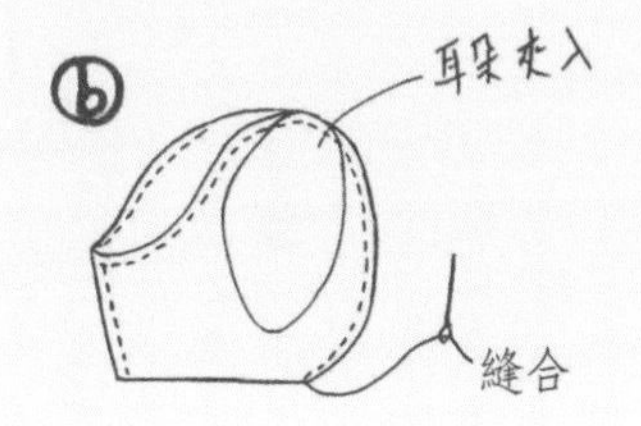

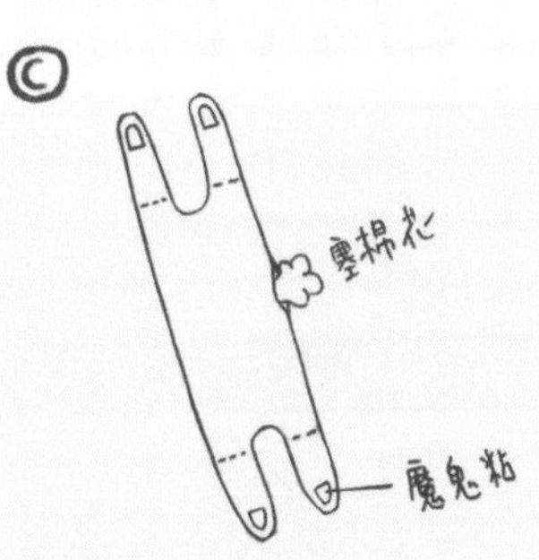

狗狗布偶
原尺寸版型

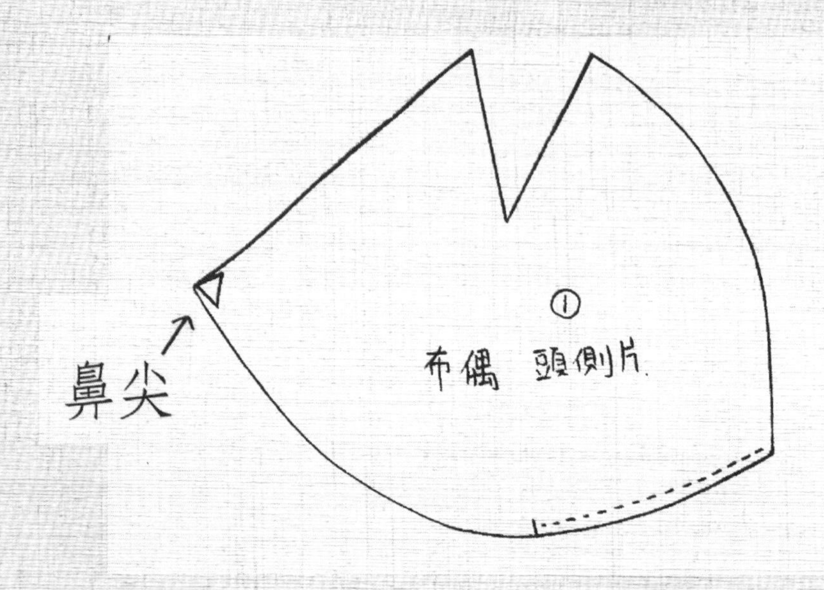

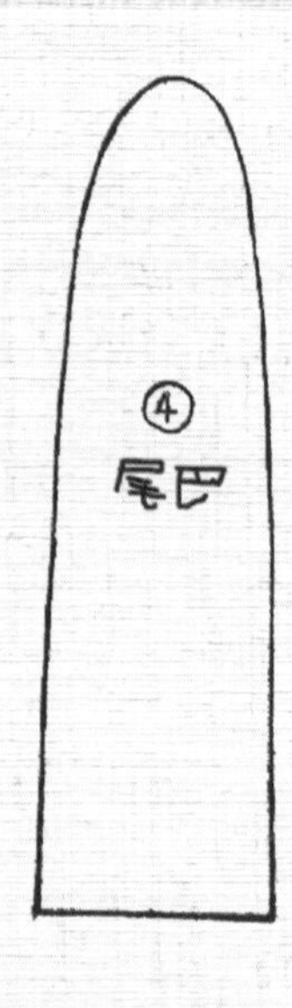

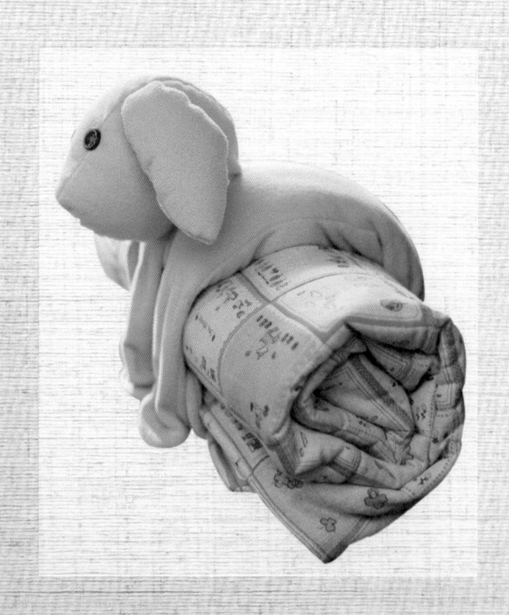

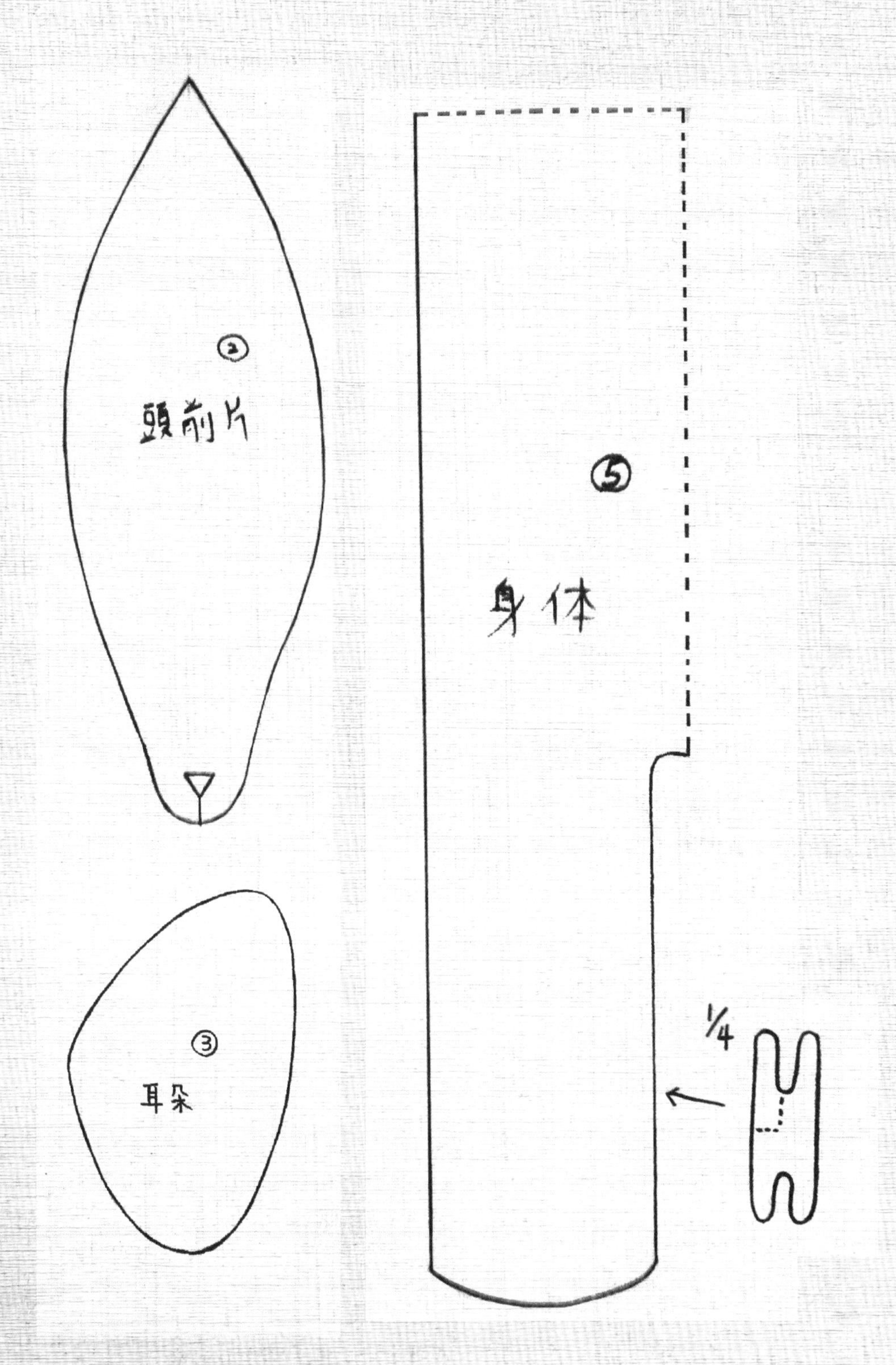
②
頭前片
⑤
身体
③
耳朵
1/4

3-7 身長趴墊

有一首歌詞裡是這樣唱的：『嬰仔嬰嬰睏，一暝大一吋，嬰仔嬰嬰惜，一暝大一尺……』，對養幼幼狗的主人來說，小狗成長的速度也是挺驚人的。有時才隔沒幾天，就覺得寶貝抱起來變重了，變長了。尤其是大狗，成長的速度就像吹氣球，感覺好像一眨眼就大了許多。

小狗到底長大多少啊？這是每個飼主心裡的疑問。如果可以趁著小狗睡覺時，有把尺來偷偷測量，就可以知道這幾天又不知不覺地多了幾公分。

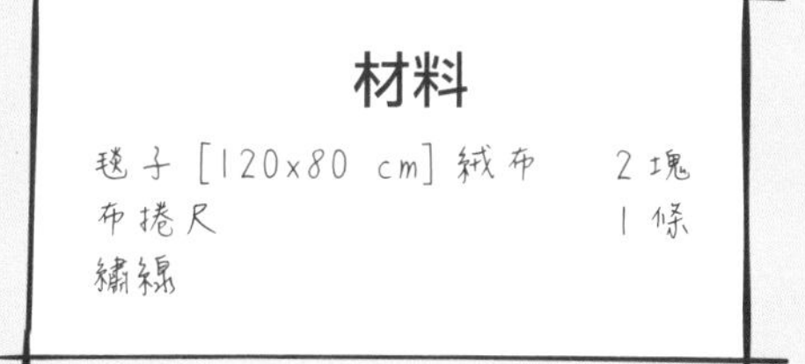

材料

毯子［120x80 cm］絨布 2塊
布捲尺 1條
繡線

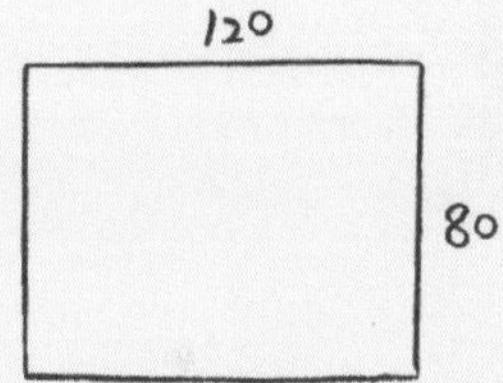

做法

1. 將絨布沿邊縫一圈，在左右兩側直接剪成鬚狀直條。
2. 將布捲尺縫在絨布上。
3. 用繡線以平針縫在布上繡出文字，並沿邊縫一圈。(a)

3-8 蘋果百納被

說起百納被，一般人多會想到美國電影中用很多布片縫起來的格子大花被 patchwork quilt。這種美式的百納被源起於兩百七十年前的美國移民婦女，當時因為在西部拓荒，非常貧困，因此將舊衣或零星布頭縫成被單。

其實，在中國早期的農業社會裡，早有類似縫製百納被的習俗。過去當家中有小孩過滿月時，親朋好友會送來一片手掌大的布，然後由小孩的母親將這些零布縫起來，做成小孩的衣服或被子。當時用這種布拼成的衣服就被稱為「百納衣」，做成被子就被稱為「百納被」，代表這個小孩穿各家的衣服、蓋各家的被子長大，可納百福，健康長壽。

狗狗對我來說，也就像個捧在掌心的孩子。雖然沒有百家送來的布片，但縫製被子時的心情，可也是充滿我愛著自家狗狗的愛，縫入我祈求寶貝健康長壽的祝福喔！

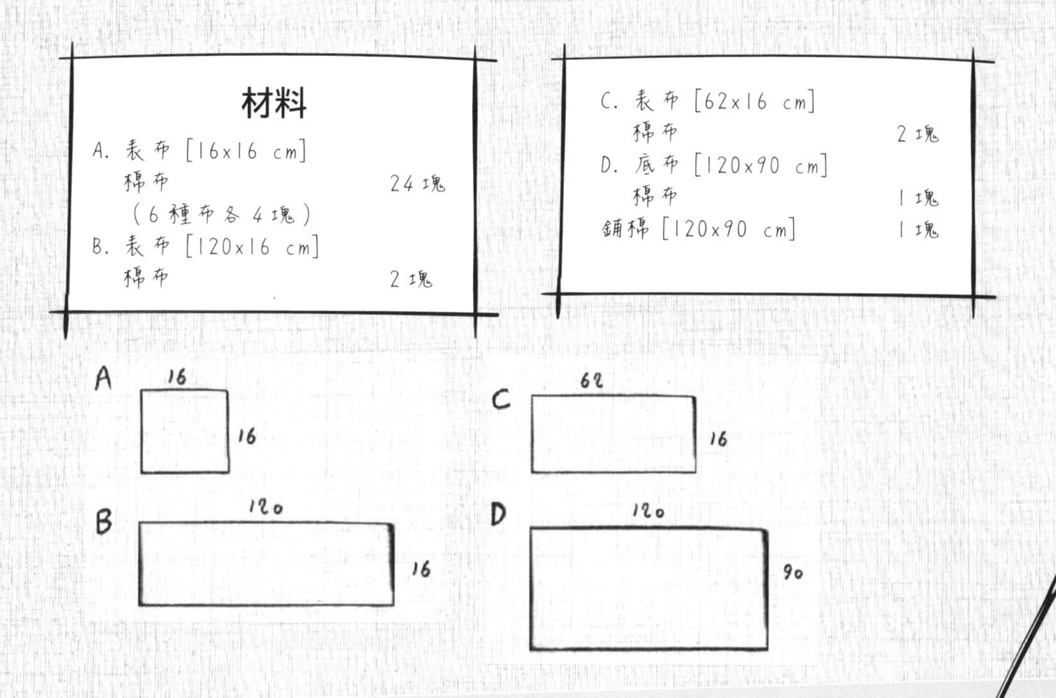

做法

1. 將 6 種棉布 A 隨意排列，拼接成一長條。
2. 依同樣方式，完成 4 長條。
3. 將第一長條到第四長條做縱向縫合，成一大片。
4. 把布片兩短邊接縫上棉布 B，再將兩長邊接縫上棉布 C，即成表布。
5. 表布與底布面對面，加上鋪棉，沿邊縫線，預留返口。
6. 從返口翻出，以藏針縫縫合返口。
7. 沿邊壓線一圈即可。

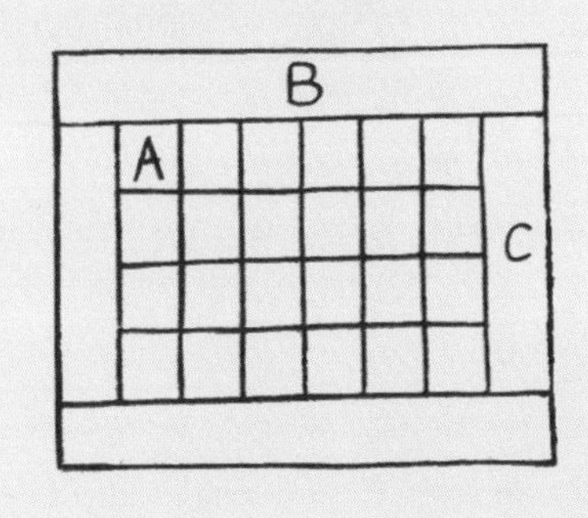

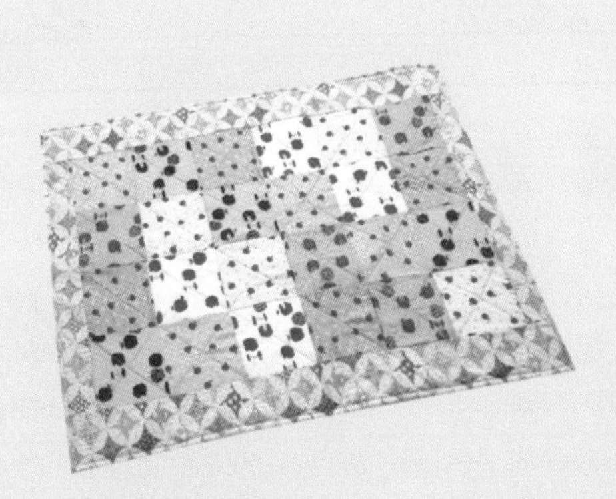

PART 4
愛出遊 PLAY

4-1 緞帶項圈＋牽繩

緞帶的樣式多，材質變化多，像是絲絨、尼龍、雪紗、格子、手工織帶等等，很適合拿來裝飾素面的項圈和牽繩。仔細觀察市售的項圈牽繩組，會發現這些商品也是用緞帶來做裝飾呢！

但這回突發奇想地，試著讓手把作為牽繩的尾端。圓圓的手把其實是製作提帶時常見的材料，但是，當緞帶和圓形手把結合在一起，居然混搭出濃濃的法國仕女風。

讓蹓狗，也可以很優雅～

材料

A. 緞帶 [180 cm]	1	條
B. 織帶 [180 cm]	1	條
插扣	1	組
D 字環	1	個
勾扣	1	個
圓形手把	1	個

A 180

B 180

做法

1. 測量狗狗的頸圍長度。
2. 剪下織帶、緞帶的長度。
3. 先做項圈。在織帶中央放上緞帶，兩側沿邊壓線固定。
4. 項圈的織帶兩端穿入插扣和 D 字環，縫線固定。(a)
5. 再做牽繩。將織帶一端穿入勾扣，另一端繞過圓形手把，縫線固定。(b)

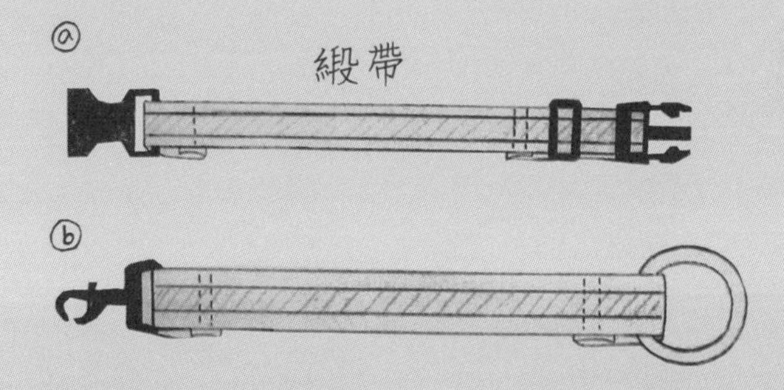

一般購買的織帶材質有兩種，一種是布的，一種是尼龍的。

布的織帶會比較厚，但比較容易髒；尼龍的織帶比較薄，但不容易沾上髒污而變色，遇上雨天或下雨也不會因為吸水而變得濕濕的。

織帶的寬度也有分別，一般來説會分成：

3 分 約 1 公分寬：適合小型狗。

5 分 約 1.9 公分寬：適合中型狗。

1 吋 約 2.5 公分寬：適合大型狗。

4-2 8 字織帶項圈＋變化牽繩

8 字項圈是由大小兩個圈所組成，就像 1 個「8」一樣。

這種項圈的好處，是同時具備了在放鬆時不緊迫喉嚨脖子，以及在拉緊時防掙脫的兩種優點。

材料

織帶 [450 cm]	1 條
插扣	1 組
勾環	1 個
口字環	2 個
D 字環	1 個

450

做法

1. 先做項圈。織帶依照頸圍剪 A、B 兩長度。
2. 織帶 A 左右穿過口字環，縫線固定。
3. 織帶 B 穿過口字環，放上 D 字環，固定兩端即可。(a)

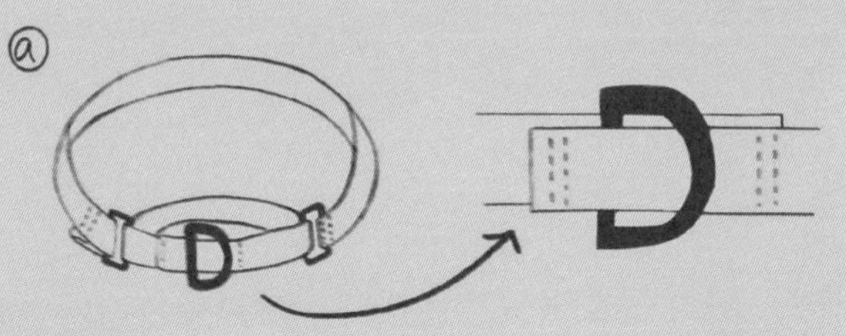

4. 再製作牽繩。依照圖示，將織帶分別穿過勾扣、插扣，將兩端固定即可。(b)

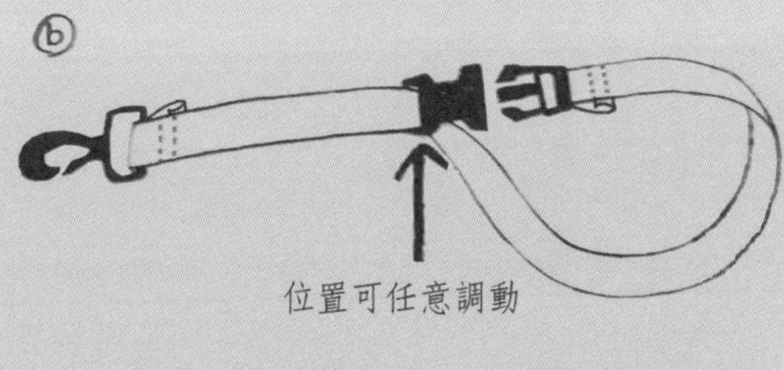

4-3 P 字布項圈＋多功能牽繩

這是改自傳統的 P 字鍊，只是我們改成用布來取代鐵鍊。P 字項圈的名稱也是取自於外型像個 P 字，而功能和 8 字項圈有些類似，同樣擁有放鬆和控制狗狗的功能。

牽繩之所以稱為多功能，就是因為它可以依照勾扣的位置，讓牽繩的使用變化多多。除了可以勾扣在需要固定的位置，甚至可以變成雙牽繩，同時牽兩隻狗行走喔！

材料

A. 項圈 [45x8 cm] 棉布		1塊
B. 項圈 [15x8 cm] 棉布		1塊
C. 牽繩 [85x8 cm] 棉布		1塊
D. 牽繩 [190x8 cm] 棉布		1塊

織帶 [45 cm]	1條
織帶 [15 cm]	1條
織帶 [270 cm]	1條
圓形圈	3個
勾扣	1個
登山扣	1個

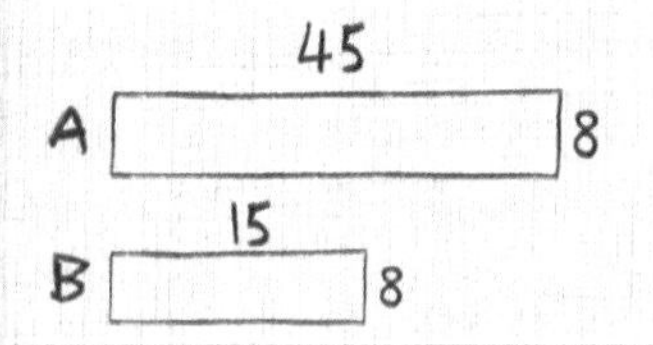

1. 先製作項圈。將棉布 A 包裹織帶，沿邊車縫。(a)
2. 將織帶兩端穿過圓形圈，車縫固定。
3. 棉布 B 包裹織帶，沿邊車縫，兩端依圖穿過圓形圈，車縫固定。(b)
4. 接著製作牽繩。將棉布 C 和 D 垂直縫合，拉成長條後包裹織帶，沿邊車縫固定。(c)
5. 依圖示 (d) 將織帶一端穿過勾扣，縫固定。
6. 另一端套入兩個圓形圈，末端往內折成把手，車縫固定。
7. 依圖示 (d) 將兩個圓形圈移至標示位置，將牽繩彎折，車縫固定。(d)

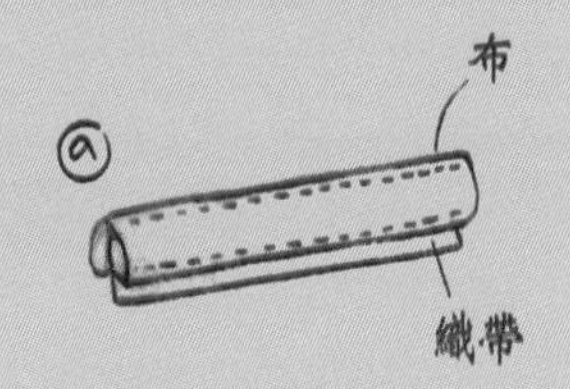

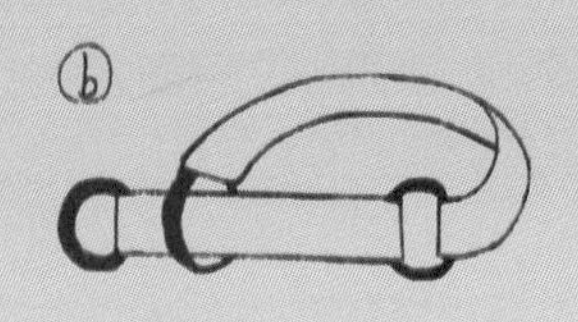

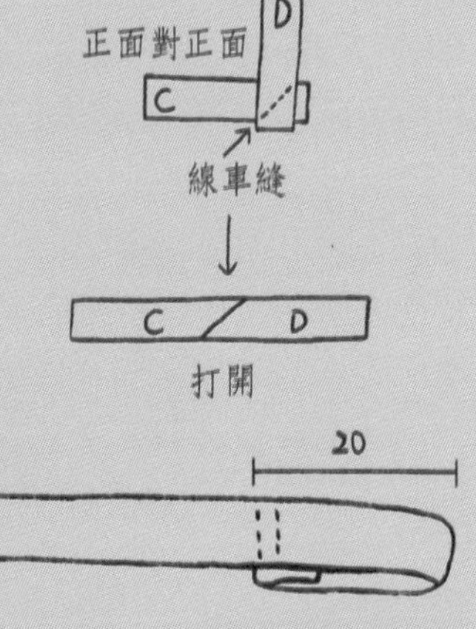

4-4 H 型胸背帶 + 牽繩

胸背的出現，是為了不讓狗狗因為套著項圈時，避免突然爆衝而壓迫到喉嚨，造成傷害。

但是有的胸背穿在狗狗身上，當掙扎的時候，卻會出現狗狗掙脫的狀況。

因此，針對這個缺點，H 型胸背是我覺得最好用的一款。因為胸部下方多一條的設計，讓狗狗無法順利掙脫，大大增添了狗狗的安全性，和飼主的控制權。

材料

A. 胸背 [40x6 cm] 棉布 1塊
B. 胸背 [50x6 cm] 棉布 1塊
C. 胸背 [25x6 cm] 麂皮布 2塊
D. 牽繩 [70x6 cm] 棉布 1塊
E. 牽繩 [75x6 cm] 麂皮布 1塊
織帶 [260 cm] 1條
D型環 1個
插扣 2組
勾扣 1個
旋轉環 1個

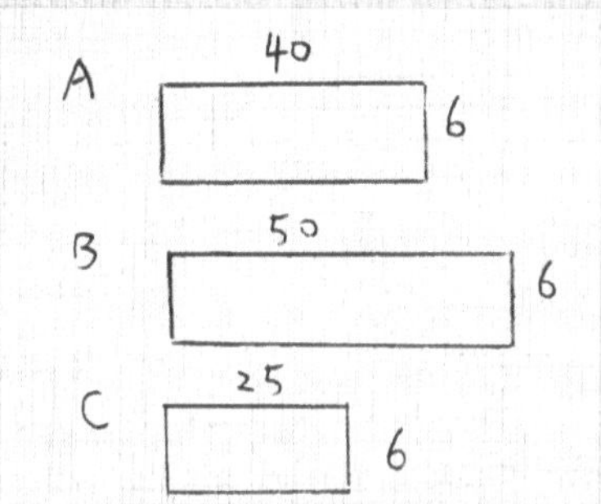

D
70
6
E
75
6

做法

1. 先製作胸背。棉布 A 包住織帶，沿邊壓線後，兩端穿過插扣固定。
2. 棉布 B 同做法 1。(a)
3. 麂皮布 C 包裹織袋，沿邊壓線，完成兩條。(b)
4. 依圖將 C 繞過 A 和 B，加上 D 型環，車縫固定。
5. 接著製作牽繩。將 D 布和 E 布分別包裹織帶，沿邊壓線。(c)
6. 把 D 布一端穿過勾扣，一端穿過旋轉環，車縫固定。
7. 把 E 布一端穿過旋轉環，另一端內折成把手，車縫固定。

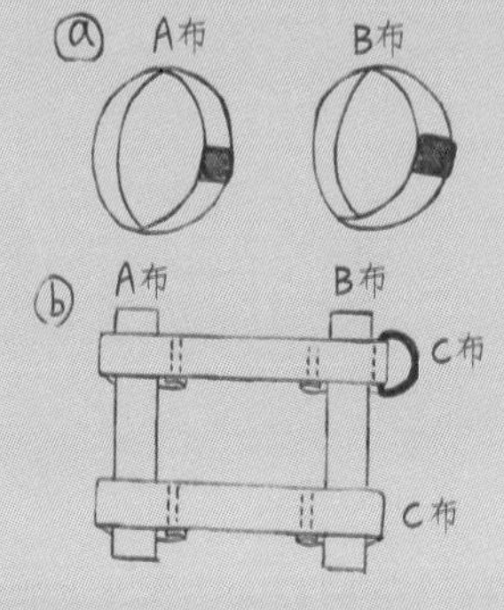

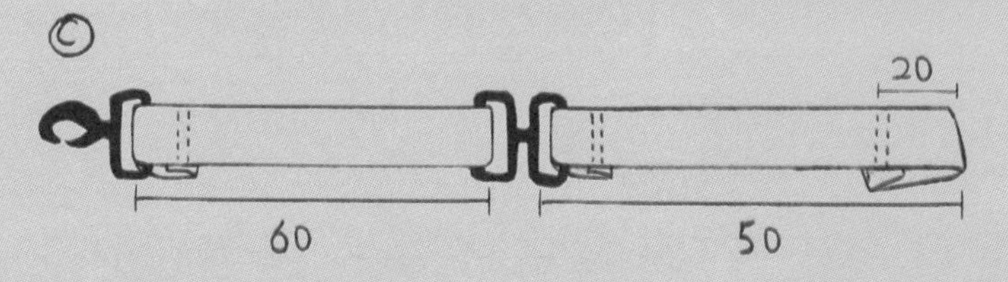

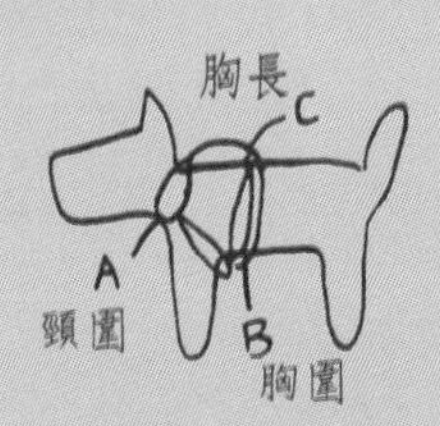

A.B.C 的距離（長度）可依每隻狗的體型做調整。

4-5 繩條胸背

很不可思議喔！

這款胸背的設計，只需要一條繩子。但卻可以在拉扯時，箝制住狗狗的行為。

但是也因為獨獨靠著一條繩子，所以建議只對中小型的狗狗使用。

做法

材料	
繩子 [180 cm]	1 條
小花	2 朵
圓形圈	2 個
彈簧扣	1 個

1. 將繩子兩端分別綁在圓形圈上。
2. 將小花縫在繩結上。
3. 依圖將繩子穿過圓形圈、彈簧扣，即完成。

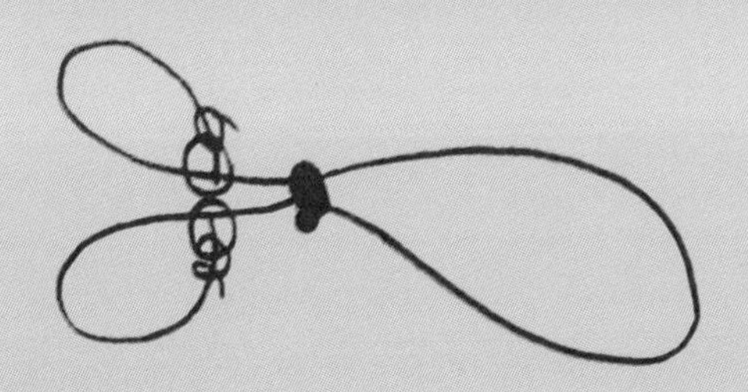

4-6 禮貌帶

帶公狗出門時，最傷腦筋的，就是隨意抬腿尿尿的習慣。這種行為對公狗來說，是一種占地盤的天性，一種擴展勢力範圍的習慣動作。可是，這樣的狗狗到了公共場所，或是到別人家造訪時，隨意尿尿可就不好了。

禮貌，就是貼心別人的行為。所以，在這個時候，若在狗狗的腰部穿上禮貌帶，就可以吸收因為要做記號而噴出的尿液。不僅不會髒污的環境，主人也不需要老是跟著狗狗東擦西抹的了。

材料

A. 表布 [45x12 cm]
棉布　1塊
B. 裡布 [45x12 cm]
防水布　1塊
C. 網布 [15x12 cm]　1塊
魔鬼粘 [10 cm]　2片

A
B
45
12

C
12
15

做法

1. 網布左右內折 2 公分，壓線固定。
2. 表布和裡布面對面，夾入網布，沿邊車線一圈，預留返口。(a)

ⓐ

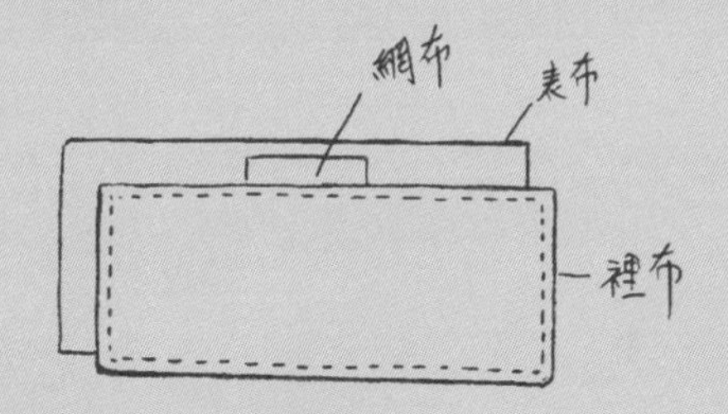

3. 從返口翻出，用藏針縫縫合返口。
4. 沿邊壓線一圈，縫上魔鬼粘即可。(b)

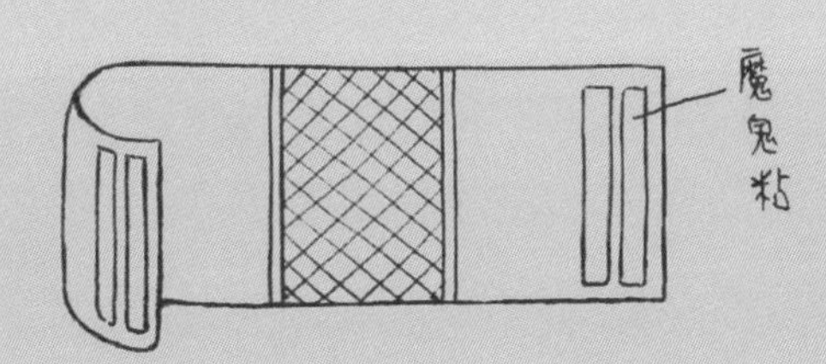

禮貌帶的使用方式為，在內側網狀布中放入生理棉或是折好的紙巾，然後定時更換即可。

4-7 戲水兜風包

在炎炎夏日，週休假日的首選當然是去沙灘與海洋玩樂，或是去清涼的溪邊消暑。簡單的縮口包，可以隨意丟進任何大袋子中，也可以隨意裝夾腳托、墨鏡、防曬油等小東西，當然更可以拿來裝寶貝的浴巾或水壺，方便極了！

做法

材料

袋身 [100x30 cm]	
毛巾布	1塊
提把 [50x10 cm]	
毛巾布	2塊
繩頭 [8x8 cm]	
毛巾布	2塊
繩子 [80 cm]	2條

1. 袋布正面相對，接縫左右兩邊。(a)
2. 布邊以布邊縫固定後，將袋子翻出正面。
3. 袋口往內折 6 公分，沿邊以布邊縫固定。
4. 離袋口 3 公分處，上下車縫兩道，中間間隔 3 公分。(b)
5. 將繩子反向穿過穿繩孔，尾端打結。(c)

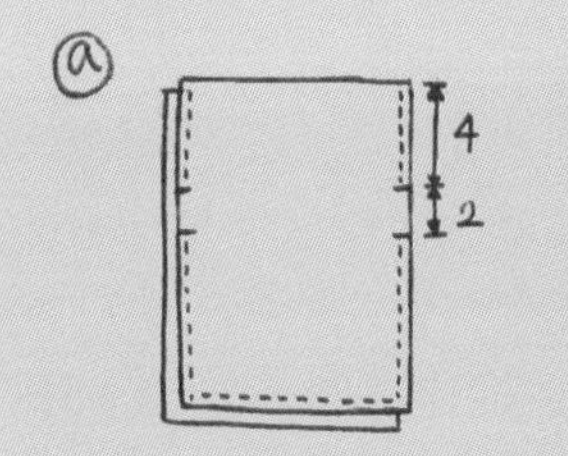

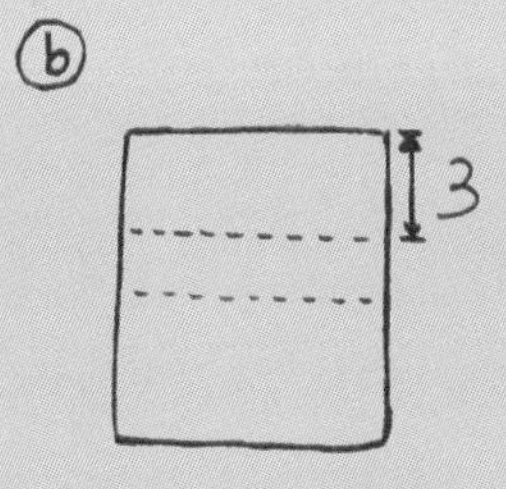

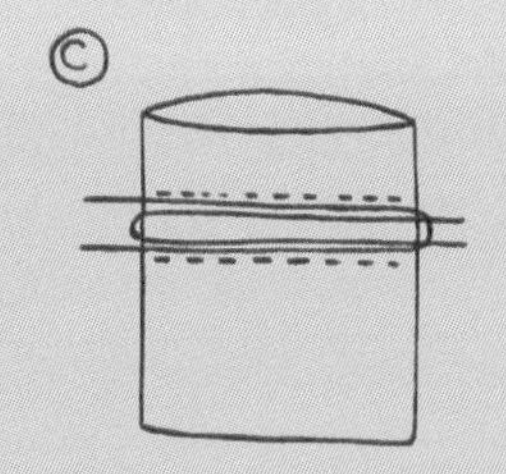

6. 圓形布縫一圈，縮縫後，包在繩子打結處，以藏針縫固定。(d)
7. 提把往內折後壓線固定，縫於袋身上即可。(e)

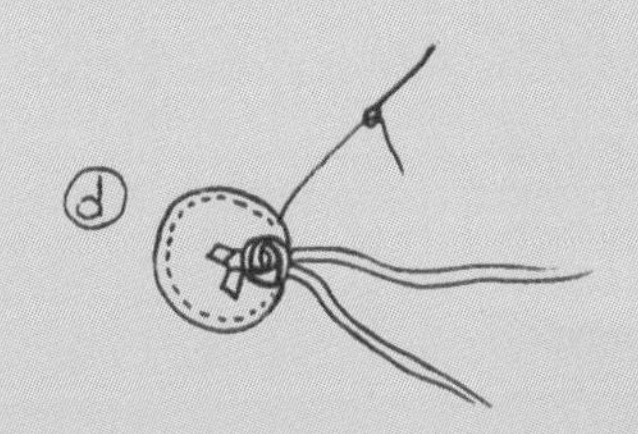

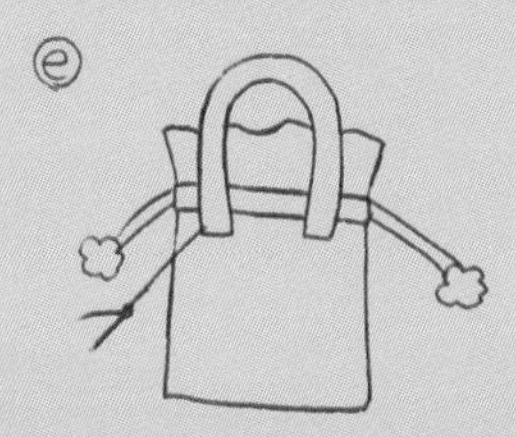

4-8 戲水浴衣

到了夏天，總愛帶狗狗們去玩水，或去溪裡游泳讓清涼的水澆熄熾熱的暑氣。

只是當狗狗上岸的時候，雖然會把身上的水抖一抖，但皮毛仍是濕漉漉地滴著水。若是披上用毛巾材質做成的浴衣，就可以幫寶貝擦擦，吸乾多餘的水分。

如果狗狗玩水後吹風會冷，也可以披著暫時當做防寒的外衣喔！

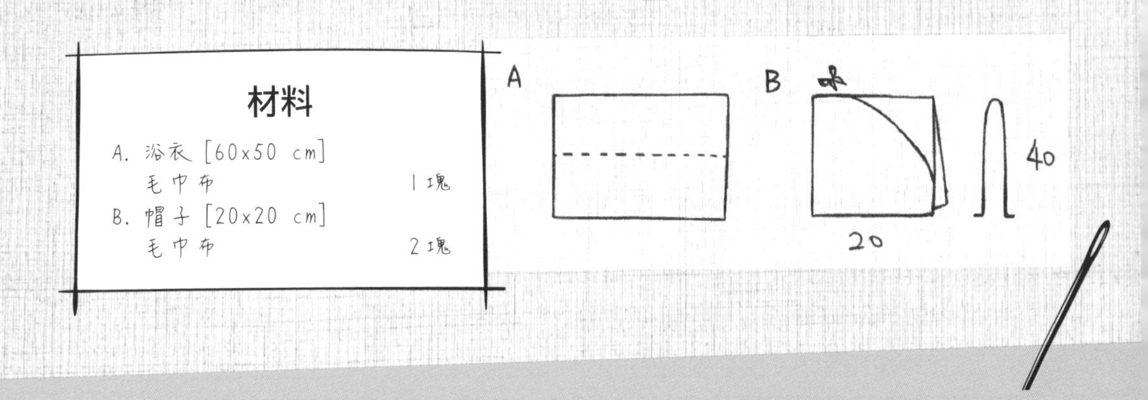

做法

1. 帽子面對面沿邊接合，並以布邊縫再縫一次。(a)
2. 帽子前端捲入 2 公分，沿邊縫合，並以布邊縫再縫一次。(b)

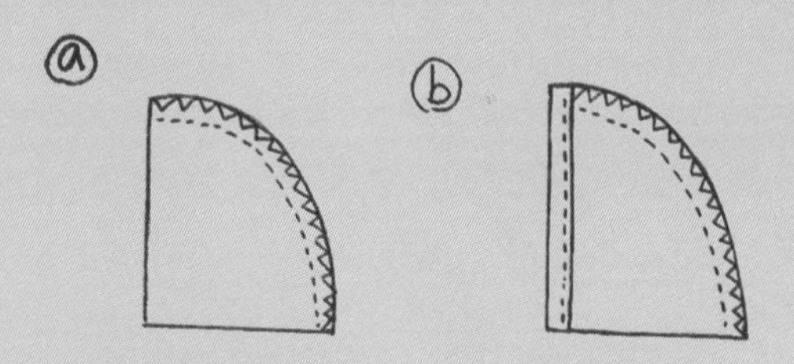

3. 將帽子和浴巾接合，再將浴巾周圍捲入 2 公分，沿邊接合，並以布邊縫再縫一次。(c)

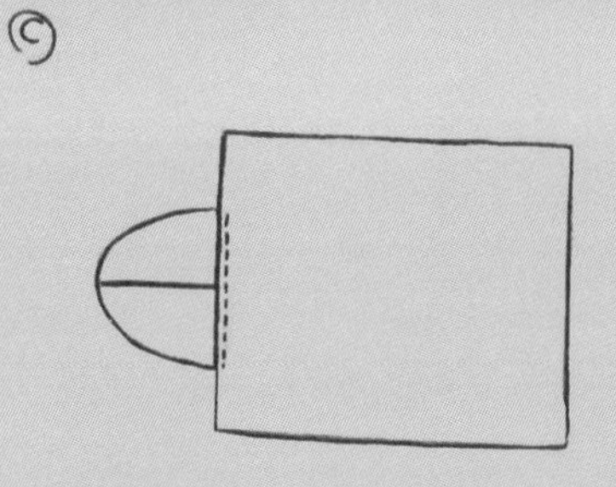

有的浴衣喜歡加一些繩子、魔鬼粘，或在腰部用布條固定。但我不喜歡加這些東西，因為這些東西都會讓軟軟的浴衣增加硬度。

若要改變浴衣的尺寸，可以依照狗狗的身長、身高裁剪出浴巾大小。

並測量狗狗脖子到頭頂的距離，裁剪出帽子的尺寸。

4-9 踏青外出包

帶狗狗出去玩的時候，總是雜七雜八的要帶一大堆東西，像是：水壺、水碗、零食、毛巾、玩具等等。所以外出時總會需要一個大包包，把所有的東西通通裝進去。

但是一般的包包不防水，郊遊時隨意把包包放地上，總會弄得髒髒的或濕濕的。所以，如果是用防水布做成的大包包，不但什麼都裝的下，也不用老是擔心包包會弄髒了。

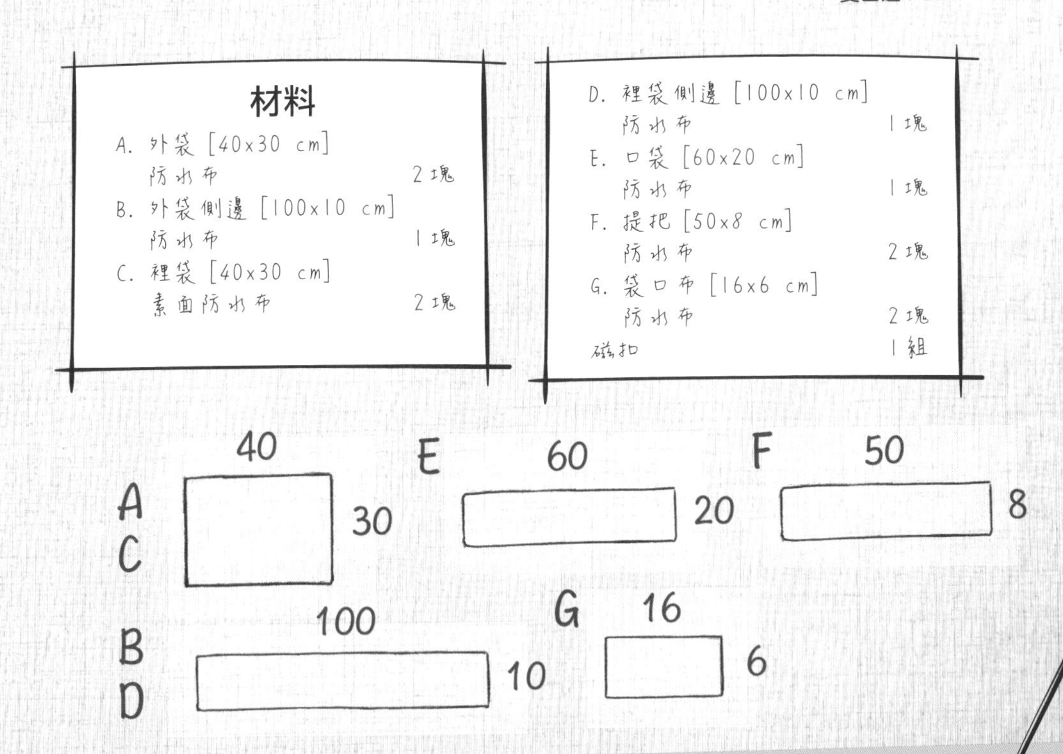

做法

1. 先製作外口袋。將E布的一側縫布邊後，在外袋前片上標示的位置車縫固定。(a)
2. 製作提把。將布往內折以珠針固定，在左右沿邊壓線。
3. 製作袋口布。布面對面對折，車縫左右兩側後，翻出正面。(b)
4. 放上磁扣片，對準中心在兩端畫出記號，以剪刀在記號處剪出兩道開口。

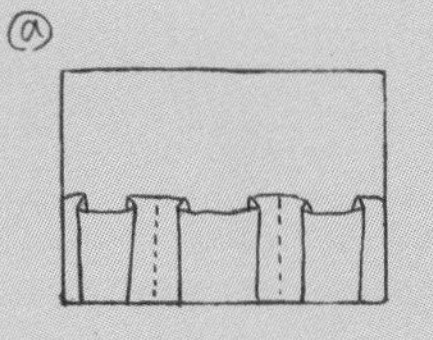

5. 將磁扣穿過開口，放上蓋片，以尖嘴鉗將尖端往中間壓平。
6. 接著製作袋身。把外袋前後片與側邊長布車縫接合，成為外袋。
7. 把內袋前後片與側邊長布車縫接合，並留下返口，即成裡袋。
8. 表袋與裡帶正面相對套入，以珠針固定。
9. 沿袋口接縫一圈，並在提帶處多縫兩次以加強耐用度。
10. 拔除珠針，將包包從返口處翻出正面後，在沿著袋口邊緣壓線一圈。

4-10軟軟摺疊隨身碗

帶狗狗外出遊玩，當牠玩得舌頭喘喘時，一定要來些清水解解渴。因為狗沒有汗腺，只能靠嘴巴和大舌頭來排熱，所以水真的對狗狗來說很重要。

只是外出時，要給大狗帶個大碗，實在佔空間又不方便。若碗可以是軟軟的，可以是摺疊的，那出門就方便多囉！

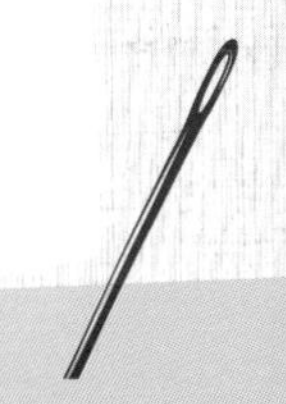

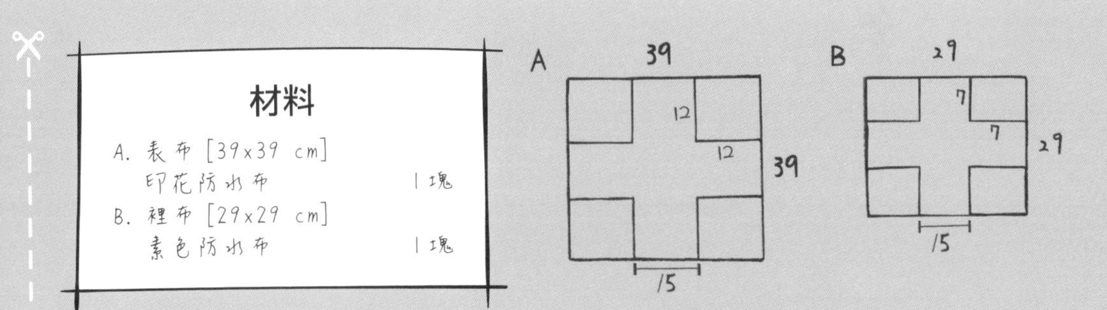

做法

1. 將外布、裡布的四邊接合。(a)
2. 外布套在裡布內，接縫一圈，預留返口。
3. 從返口翻出，以藏針縫縫合返口，再壓線一圈即可。

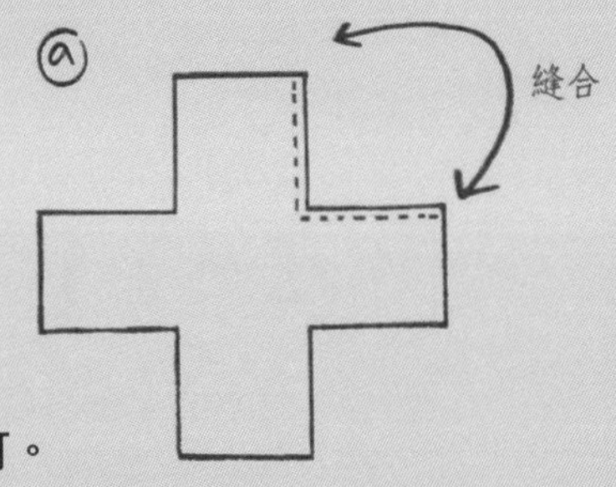

4-11 甩不掉包袱

每次看日本的卡通或搞笑劇，若有小偷出現時，總會在背上綁個大包袱。

包袱，是個傳統又環保的物品。不只小偷會用，在日本古裝劇，那些穿著和服到澡堂的女生，手裡就會掛著一個裝著換洗衣物的包袱。這也就是日本把包袱布叫為「風呂敷」的原因。

在如今講求環保的時代，可以重複使用、容易摺疊收納的包袱布，又再度受到重視。加上小偷的趣味聯想，讓我忍不住地也想為狗狗設計一個揹在背上的包袱，順便也要跟著環保一下！

材料

A. 袋身 [50x45 cm]
　日式古布　1塊
B. 前帶 [40x7 cm]
　日式古布　4塊
C. 腰帶 [25x4 cm]
　日式古布　4塊
拉鍊　1條
插扣　1組

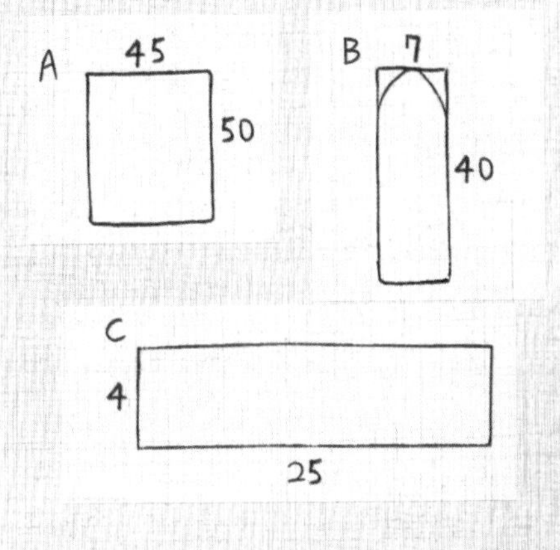

做法

1. 先製作前帶。長條布正面對正面沿邊縫合，翻至正面後，沿邊壓線。(a)
2. 製作腰帶。長條布往內折，沿邊壓線後，穿過插扣固定。
3. 接著製作袋身。把 A 布兩端往內折 1 公分，與拉鍊縫在一起。(b)
4. 將袋身左右夾入前帶、腰帶，車縫固定。
5. 拉鍊打開，把袋子從拉鍊處翻出正面即可。

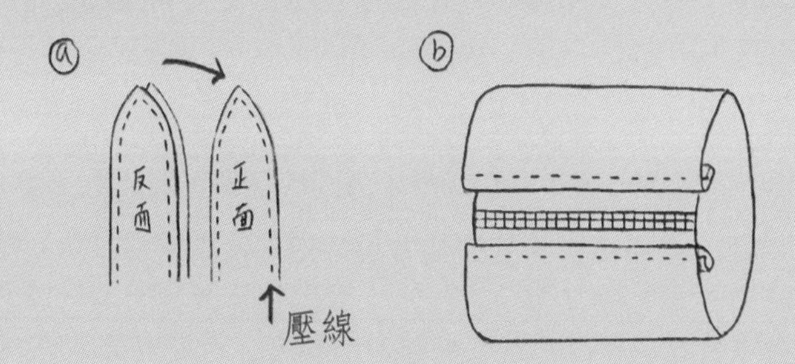

我常常跟自家狗狗說，自己的東西自己背。說得好像東西有多了不起、多沉重。其實也沒什麼，頂多就是準備抓便便的塑膠袋、衛生紙，和一小包的零食而已。

4-12 隨身便便袋

「蹓狗牽狗鍊，順手清狗便」這句宣導語已推行好一陣子，為的就是不要讓街上或公園裡處處有被遺棄「黃金」。因為誰都不希望別人討厭自家的寶貝，而黃金處處就是人們排斥狗狗的重要因素之一。

清理「黃金」是一門學問，要能迅速去除乾淨，又要不弄髒手，那就得仰賴輕、薄、不透水、不透氣的塑膠袋。於是，塑膠袋也就變成許多養狗人包包裡必備的項目之一。而放置塑膠袋的小包包，也就成了蹓狗時的重要助理囉！

相信總有這麼一天，養狗的人能自由自在地到任何想去的地方蹓狗，不會被擋在「畜生禁入」的告示牌外。因為，大家都是會順手清狗便的好公民。

材料

A. 袋身［22x15 cm］	
棉布	1 塊
B. 袋口［10x7 cm］	
棉布	2 塊
C. 後片［12x9 cm］	
棉布	1 塊
D. 提帶［20x5 cm］	
棉布	1 塊
魔鬼粘［3 cm］	2 片
魔鬼粘［7 cm］	1 片

A 22 15

B 10 7

C 12 9

D 20 5

做法

1. 先製作袋口。將布面對面沿邊縫合，翻至正面，縫上魔鬼粘。
2. 製作袋身。將布正面對折，側邊縫合。
3. 袋底縫合，中間預留 3 公分不縫。
4. 袋底左右壓線 2.5 公分。
5. 袋身上面布邊往內折 1 公分，壓線。
6. 袋身正面上方縫上魔鬼粘，背面縫上袋口。
7. 後片對折沿邊縫合，翻至正面，左右端縫上魔鬼粘。
8. 把後片固定於袋身背面，並縫上提帶。

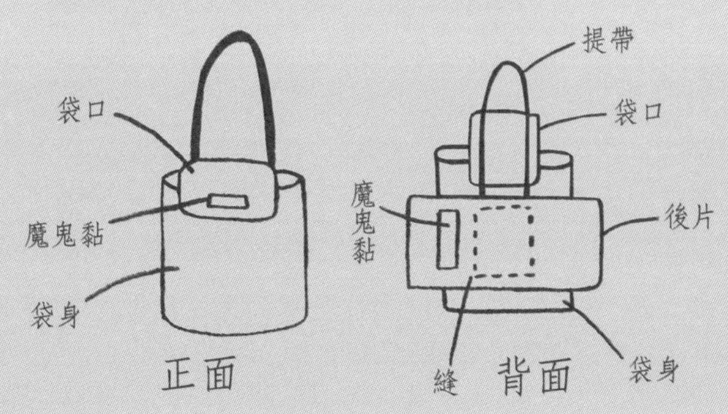

便便袋的提帶可方便飼主拿取。而後片則可利用魔鬼粘固定在牽繩上。

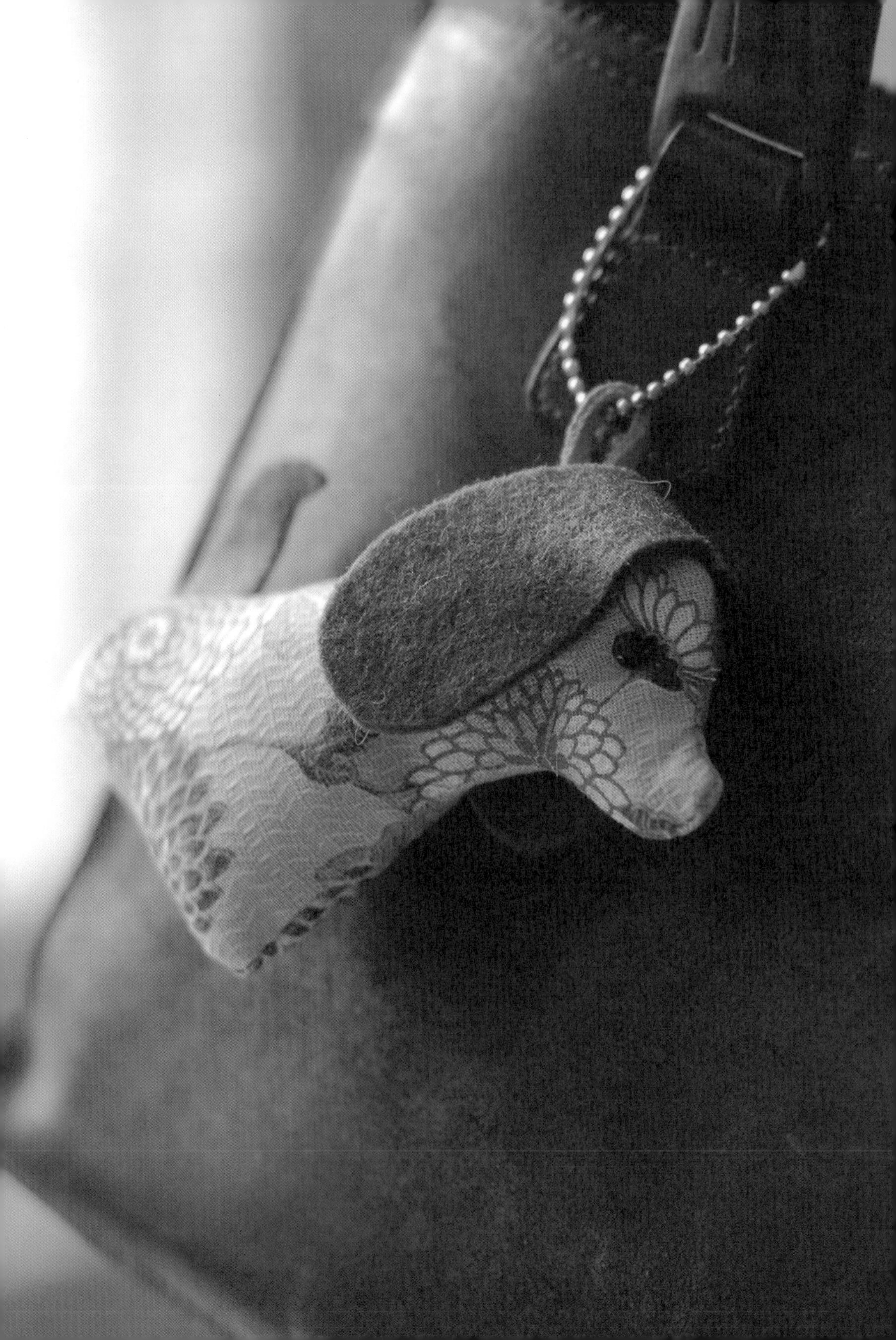

PART 5
愛玩樂 FUN

5-1 手套狗

　　不知從什麼時候開始，家中的球球只要看到我拿起隔熱手套，就會興奮地衝過來，然後與我帶著手套的手，認真地來一場廝殺。

　　對我來說，這是專屬於親子間的遊戲，而隔熱手套也就成為家裡必備的玩具之一。

材料

A. 身體表布［20x14 cm］
棉布 2塊
B. 嘴巴表布［20x14 cm］
棉布 2塊
C. 身體裡布［20x14 cm］
棉布 2塊
D. 嘴巴裡布［20x14 cm］
棉布 2塊
E. 耳朵［5x3 cm］ 4片
鋪棉 1塊
黑色不織布 1塊
緞帶［10 cm］ 1條
鈕扣 2對

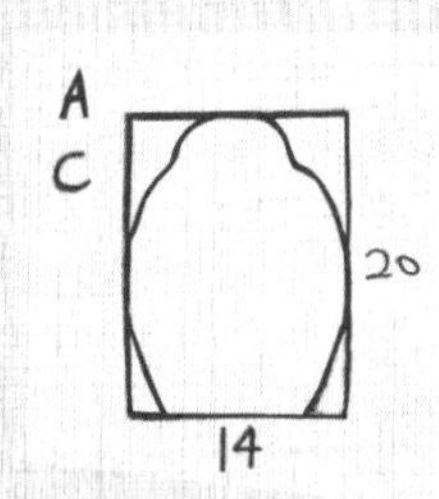

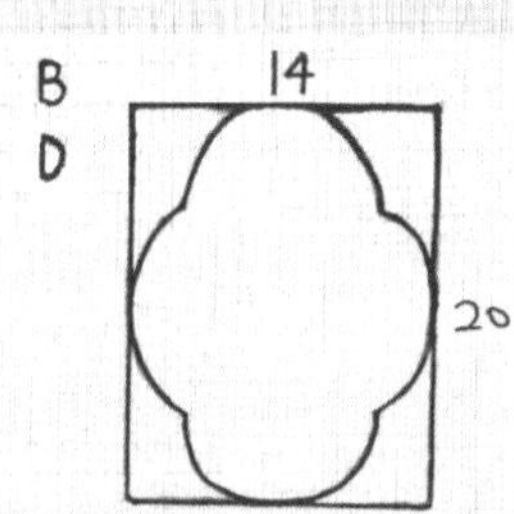

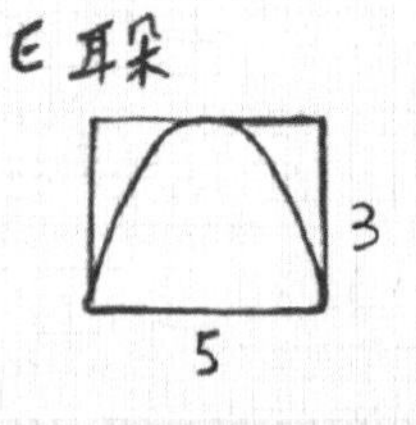

做法

1. 將表布 A、B 各一片背面加上鋪棉，沿邊縫合。(a)
2. 裡布不需加鋪棉，做法相同。
3. 將表布套入裡布中，夾入緞帶作為吊環，沿邊縫合，預留返口。
4. 從返口翻出，以藏針縫縫合返口。
5. 最後把鈕扣、鼻子縫上即可。

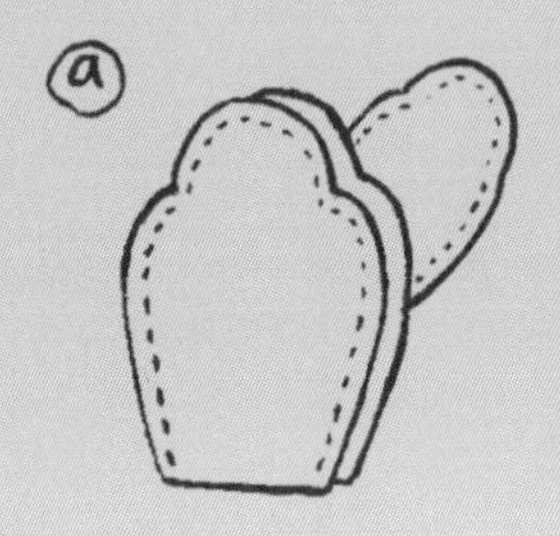

隔熱手套要成為專屬於狗狗的手套玩具，可以在返口縫合前塞入內棉，這樣手套就會變得軟軟膨膨的，不但可以讓狗狗咬起來更有份量，也可以保護手套內的手被咬傷。

原尺寸版型

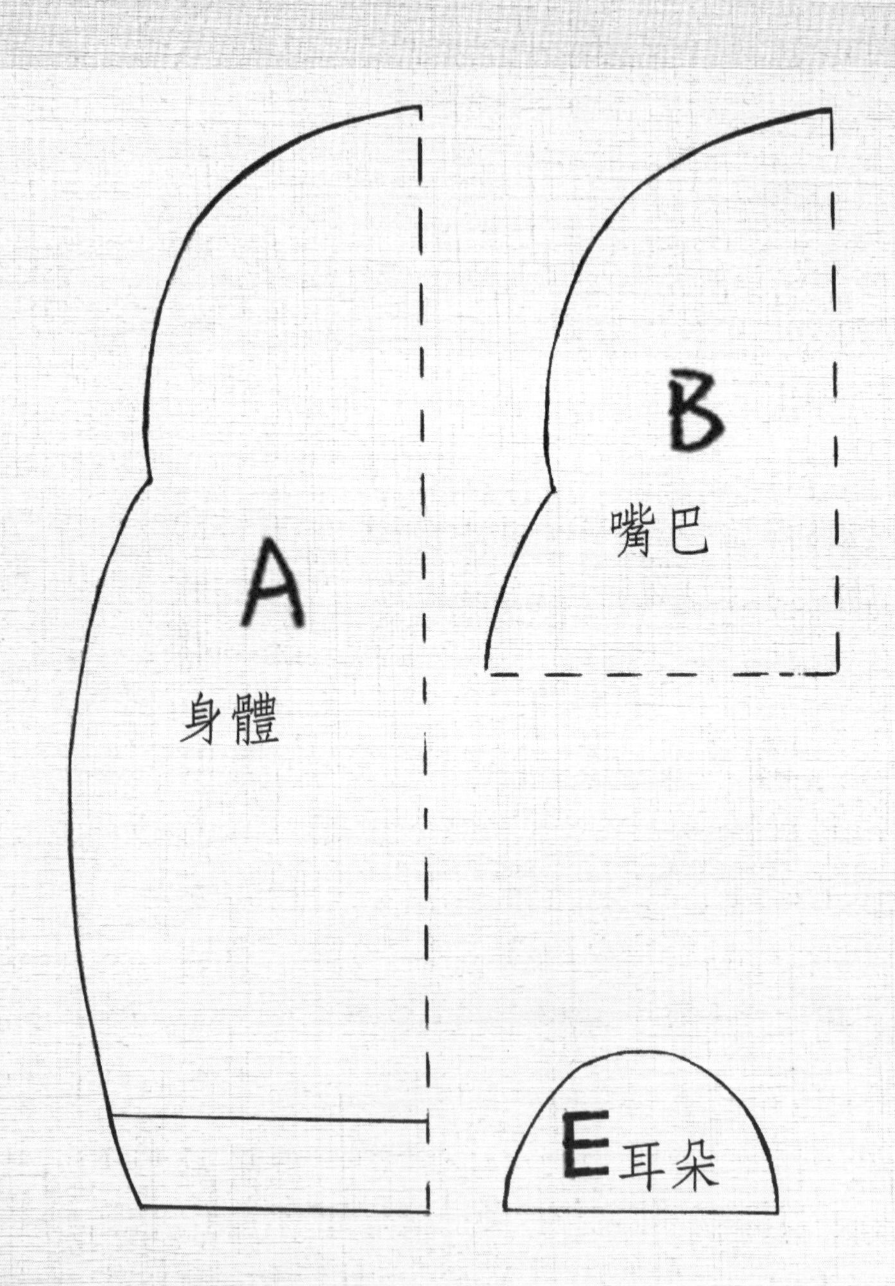

姐，旁邊有隻假狗仔
偷聽我們的對話…
真的嗎？那交給你了！
班姐，
看我怎麼對付他！
啊！被反將一軍了…
在姐姐面前丟臉，唉！
娜娜妹，你太遜了！

5-2 咬咬襪子狗

不知為什麼，狗總愛咬襪子，尤其是穿過的臭襪子，總有種無法言喻的魅力，深深吸引著狗，讓狗忍不住這誘惑而犯罪。我以前還遇過一些小狗，連穿在腳上的襪子也不放過，老是使勁地想把襪子給扯下來，甚至連走路時也是緊咬著不放，最後變成在走路還得要連狗一起拖著走呢！

既然狗都這麼愛襪子，那就乾脆用襪子做成咬咬玩具吧！

材料

小腿襪	1 雙
內棉	適量

做法

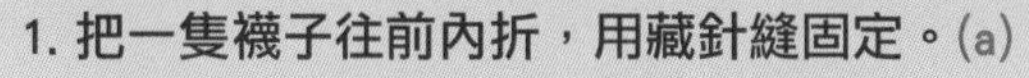

1. 把一隻襪子往前內折，用藏針縫固定。(a)
2. 在襪子內塞入棉花，襪子口用縮縫收起。
3. 另一隻襪子剪 4 隻腳、耳朵、尾巴，反面以迴針縫接合。(b)

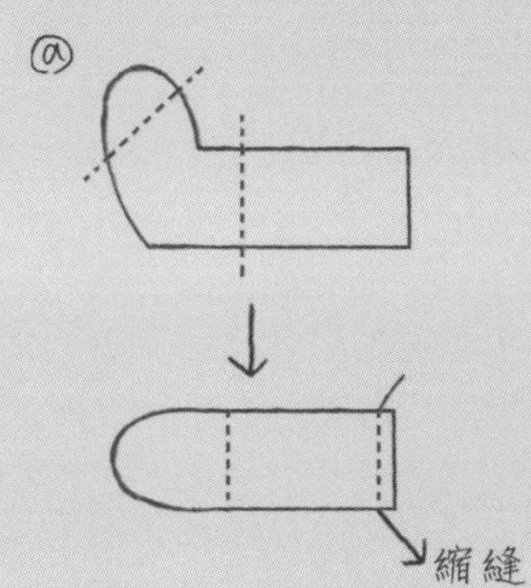

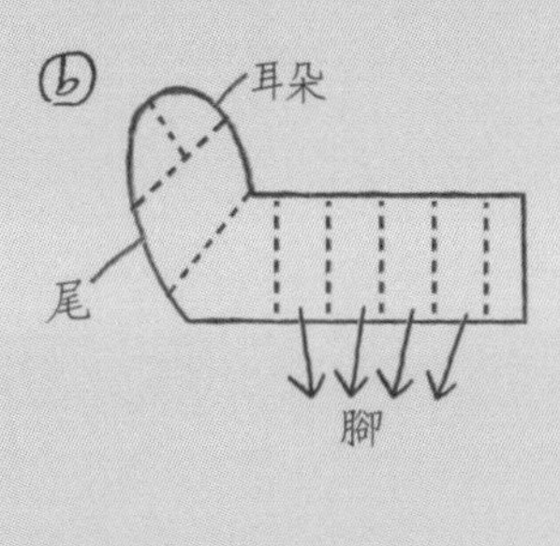

4. 翻出正面，填入棉花後，固定在身體上。
5. 縫上眼睛，繡縫嘴巴、鼻子即可。

5-3 香香狗吊飾

素面的包包總覺得少了一些什麼？哈～就是沒有狗狗的感覺啦！

親手縫一個狗狗吊飾，順便在吊飾上噴一些香水，讓香香的氣味隨身飄散，帶來更輕鬆愉快的氣氛。

材料

A. 身體［30x20 cm］
棉布 2塊
B. 耳朵、尾巴［20x10 cm］
不織布 1塊
黑珠 2顆
內棉
棉繩

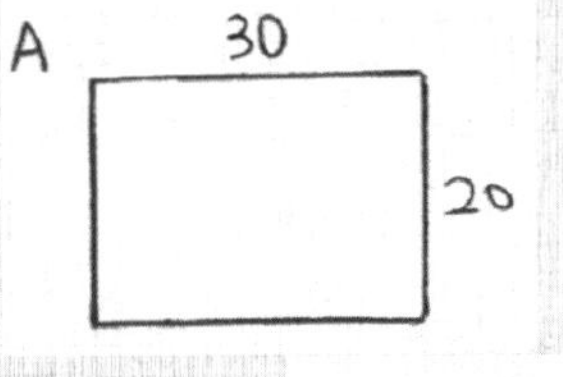

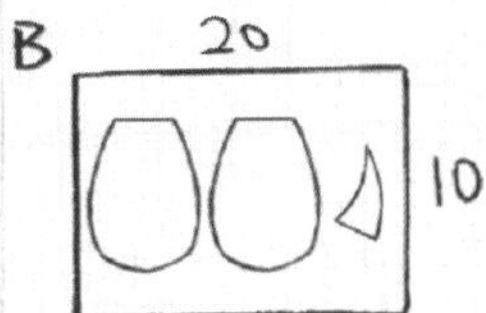

做法

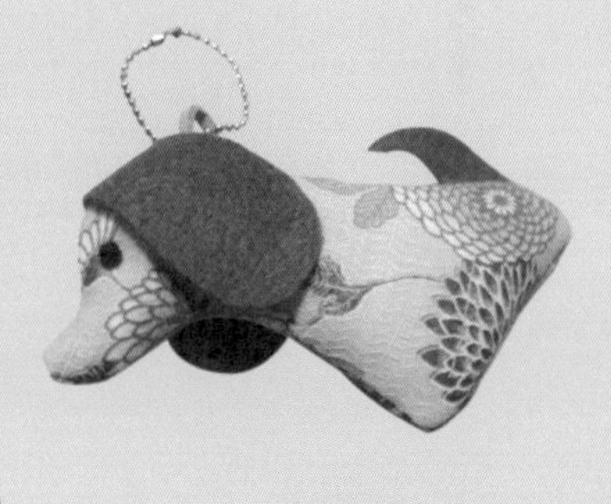

1. 先用不織布裁剪耳朵、尾巴。
2. 將棉布面對面，夾入耳朵、尾巴、繩，沿邊縫合，預留返口。
3. 翻出正面，以藏針縫縫合返口。
4. 縫上眼睛即可。

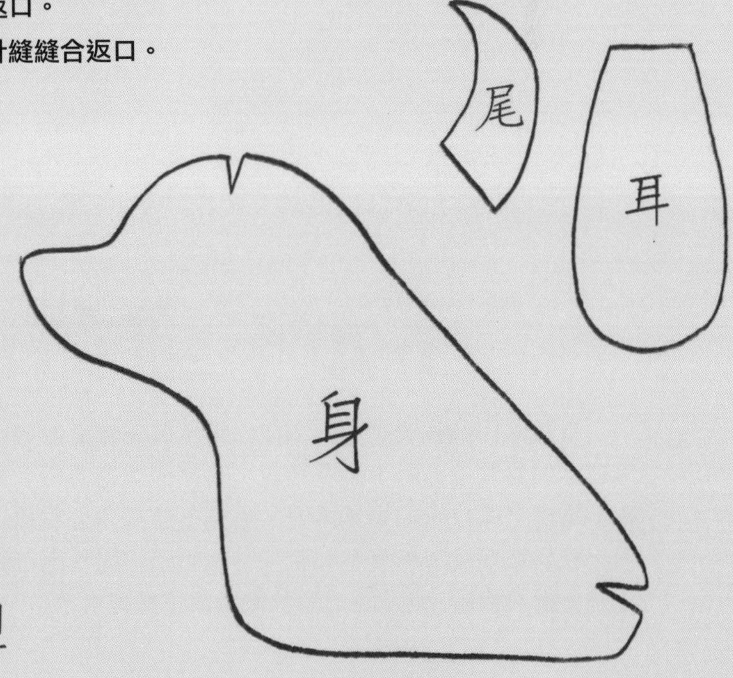

原尺寸版型

5-4 不織布包

小時後因為家裡習俗的緣故，過年時總會寫春聯貼門窗，或剪些紅花放在水仙盆栽上。對小朋友來說，這樣的習俗不但有參與感，而即使多年後，這樣充滿年味的過年傳統，也仍一直是我心中難以忘懷的記憶。某一天，在拿著不織布剪著小狗時，突然想到不如也用不織布來玩玩記憶中的傳統剪紙。於是，大狗貼春聯的圖案就這麼誕生了……

材料

A. 袋身［40x30 cm］
棉布（表布、裡布各 2 塊） 4 塊
B. 提帶［50x8 cm］
棉布 2 塊
黑色不織布［25x25 cm］ 1 塊
紅色不織布［20x20 cm］ 1 塊
咖啡色不織布［20x10 cm］ 2 塊

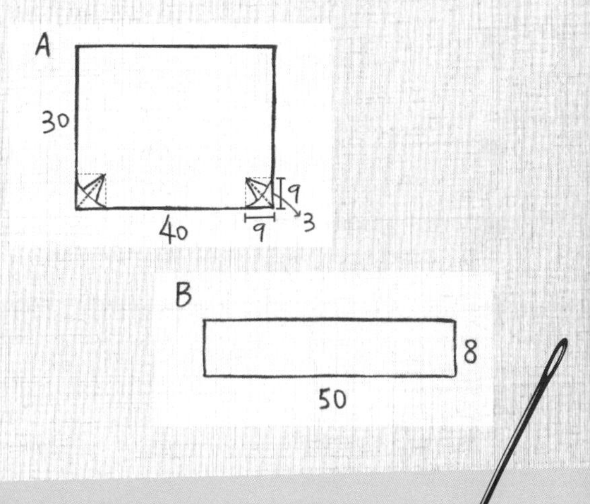

做法

1. 將黑色不織布對折，依照紙型裁剪春字。
2. 紅色不織布裁剪成正方形，咖啡色不織布依圖形裁剪出兩個狗腳掌。
3. 將紅色、黑色、咖啡色不織布排放上表布上，並以黏膠固定。
4. 表布沿切口接合後，正面對正面車縫固定，成為表袋。
5. 裡袋做法同表袋，但須留返口位置。
6. 製作提帶。將布對折以珠針固定，在兩側以車縫壓線固定，即成提帶。
7. 表袋與裡袋正面相對套入，夾入提帶，以珠針固定。
8. 沿袋口接縫一圈，並在提帶處多縫兩次以加強耐用度。
9. 拔除珠針，將包包從返口處翻出正面後，在沿著袋口邊緣壓線一圈。

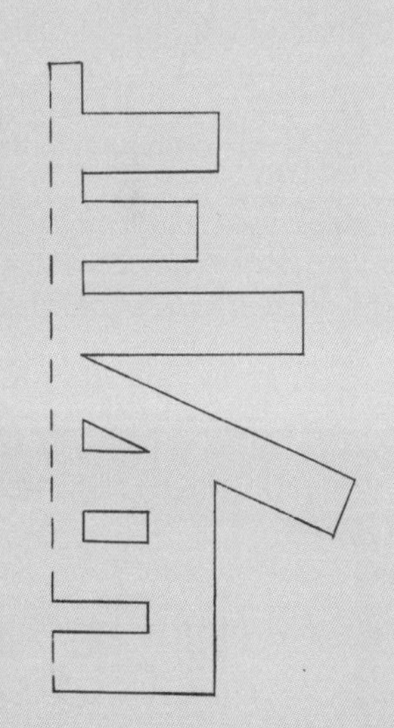

依照同樣的道理，可以利用不織布玩許多的傳統剪紙技巧。可以把布對折再對折，剪個美麗的花、一顆圓滾滾的鳳梨，或是一條細長的魚，然後貼縫於布上，就是另類的設計喔！

5-5 母子包－手提包

想和寶貝用一樣的親子小物，是最早的發想。

一款簡單的包包樣式，可以是人用的手提包，也可以在背袋稍微拉長後，變成揹狗的包包。這樣一大一小的組合，絕對讓幸福的感覺大大滿足！

材料

A. 袋身 [45x70 cm]
（表布、裡布各 2 塊） 4 塊
B. 口袋 [20x15 cm] 棉布 1 塊
提把 1 組

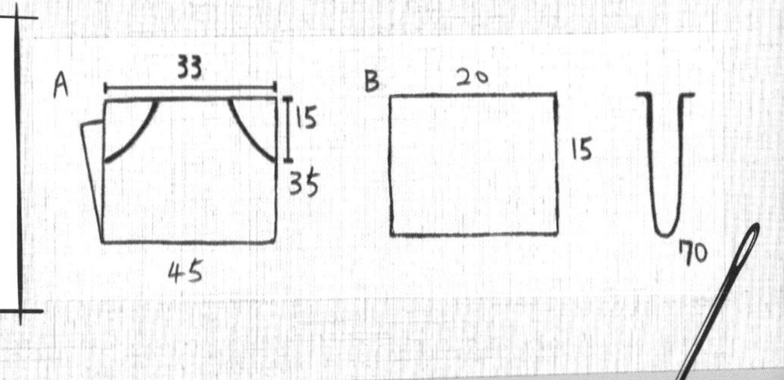

做法

1. 先製作表袋。將表布面對面，縫合側邊。(a)
2. 在底部壓線 15 公分寬。(b)

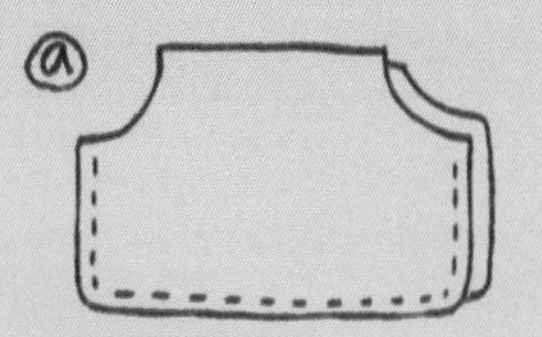

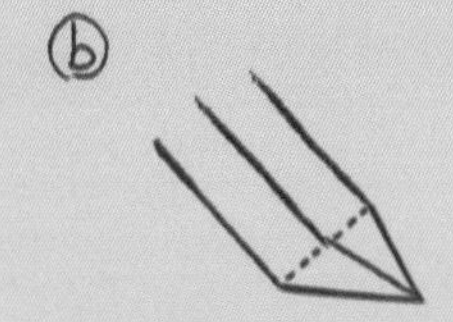

3. 接著製作裡袋。將口袋布對折，車縫兩側後翻出正面。
4. 把口袋縫於裡布上。(c)

5. 裡袋做法同表袋，需預留返口。
6. 製作提帶。把布片 B 往內折後，側邊車縫固定。
7. 最後組合袋身。把表袋套在裡袋內，提把對折後夾在表布和裡布中間，沿邊車縫一圈。
8. 從返口翻出正面，以藏針縫縫合返口。
9. 裝上提把即可。

5-6 母子包 - 揹狗包

材料

A. 袋身 [55x40 cm]
（表布、裡布各 2 塊） 4 塊
B. 提帶 [90x8 cm]
棉布 2 塊
C. 提袋 [90x8 cm]
編織布 2 塊

D. 底板袋 [35x15 cm]
棉布 1 塊
E. 勾扣帶 [25x5 cm]
棉布 1 塊
底板 [35x15 cm] 1 片
勾扣 1 個

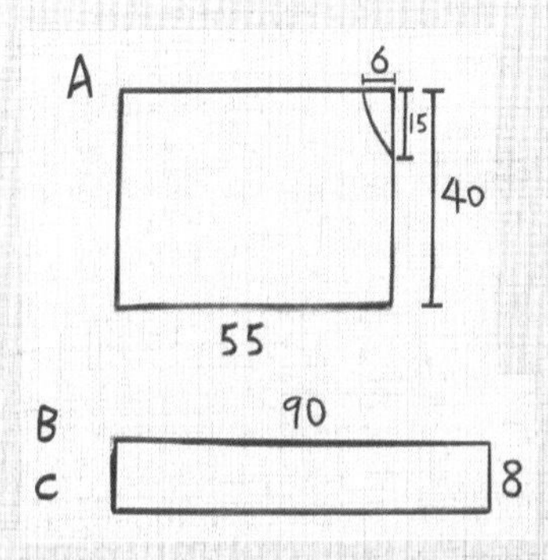

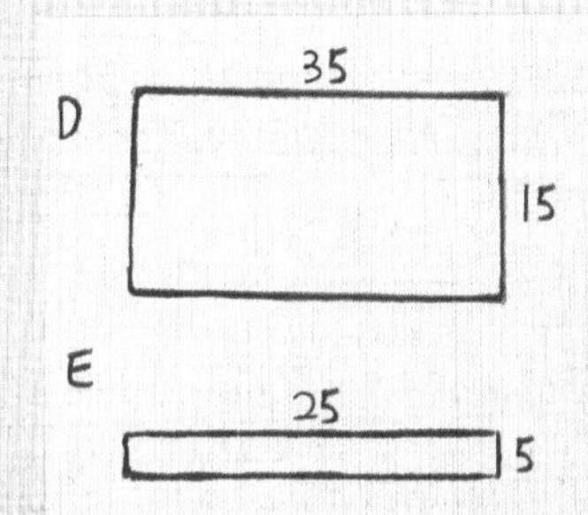

做法

1. 製作提把。用綿布包裹編織布後，車縫固定。
2. 製作勾扣帶。把棉布往內對折，沿兩側壓線。一端穿過勾扣固定。
3. 再來製作表袋。將表布對折，縫合側邊。在底部兩端壓線 15 公分寬。
4. 製作裡袋。將 D 布側邊捲入 1 公分，車縫固定。縫於裡布上。
5. 將裡布對折，縫合側邊，並需預留返口。
6. 在底部一端夾入勾扣帶，兩端都壓線 15 公分寬。
7. 最後製作袋身。把表袋套在裡袋內，提把夾在表布和裡布中間，沿邊車縫一圈。
8. 從返口翻出正面，以藏針縫縫合返口。
9. 在袋口邊緣壓線一圈，裝入底板即可。

這款母子包的做法和外型幾乎是一樣的，只是手提包兩側皆有挖空，而揹狗包則是只在一側挖空，讓狗頭方便伸出。

5-7 大白狗面紙套

因為很喜歡這款像綿羊，帶點捲捲毛的絨布，因此決定來做一隻毛茸茸的大白狗。然後加上大大的耳朵、圓滾滾的眼睛、小小的舌頭和挺直的尾巴，就變成一隻歪著頭，搖著尾巴迎接我的可愛狗狗了！

材料

A. 身體 [40x16 cm]
  絨布 2塊
B. 頭 [14x13 cm]
  絨布 2塊
C. 耳朵 [10x9 cm]
  絨布 2塊
D. 尾巴 [10x3 cm]
  絨布 1塊
紅色不織布 1塊
眼睛 1對
內棉

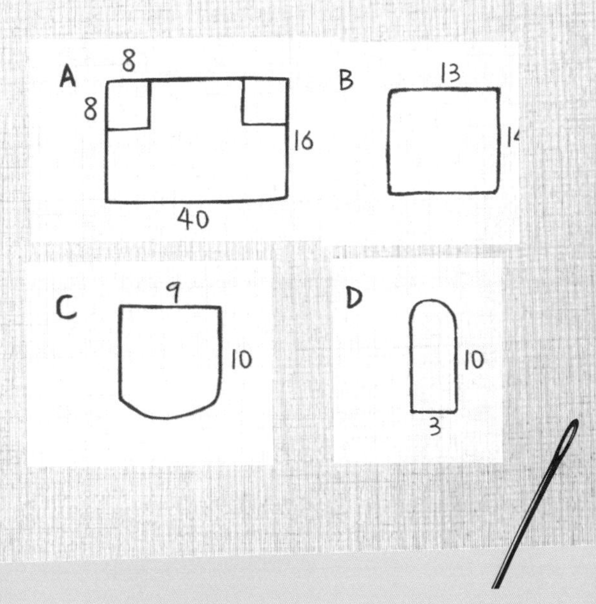

做法

1. 將身體的長邊左右縫合 13.5 公分。(a)
2. 接合後在中央的位置，以捲縫將布邊收好。(b)
3. 將頭部、耳朵、尾巴分別以反面縫合，翻出正面。
4. 把頭、尾巴接上身體，並把耳朵固定頭上。
5. 臉縫上眼睛和舌頭即完成。

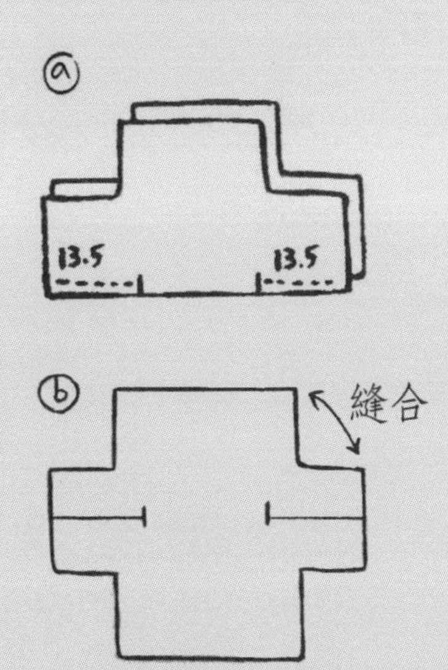

5-8 提袋面紙套

這款面紙套的原型，就是一般買東西常見的塑膠提袋。

某天去賣場買東西，因為感冒打噴嚏的緣故，急急忙忙翻著包包裡的的衛生紙。當時就這樣想，如果可以直接從袋子裡拿剛買的衛生紙，那該有多好啊！

於是，一個吐著衛生紙的狗臉袋，就這樣冒出來了！

材料

A. 袋身［65x16 cm］
咖啡色不織布 1塊
B. 側邊［12x10 cm］
咖啡色不織布 2塊
C. 粉紅色不織布
［6x6 cm］ 1塊

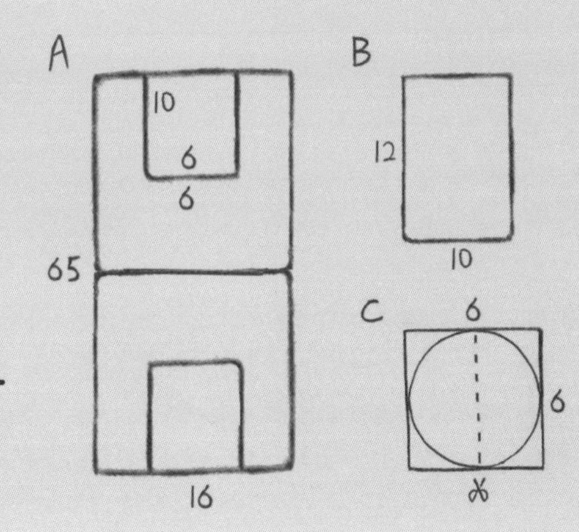

做法

1. 在袋身正面剪出眼睛、嘴巴的位置。
2. 將粉紅色不織布裁成兩個半圓，以直針縫把腮紅縫上。
3. 將袋身與側邊布接合。
4. 把耳朵上方接合。

5-9 狗狗手冊布衣

狗狗的預防針手冊很重要，裡面記載著狗狗的姓名、出生日期、晶片號碼等等資料，尤其是預防注射的紀錄，更是掌握下一次打疫苗針的重要紀錄。

只是，公家或疫苗公司提供的狗狗手冊，看起來實在很呆板又制式化。乾脆直接動動手，幫寶貝的狗狗手冊做個專屬的布書衣，還可以親手繡上寶貝的名字呢！

材料

A. 表布 [32x18 cm]
素棉布 2塊
B. 表布 [10x18 cm]
花棉布 2塊
緞帶 [15 cm] 2條
不織布

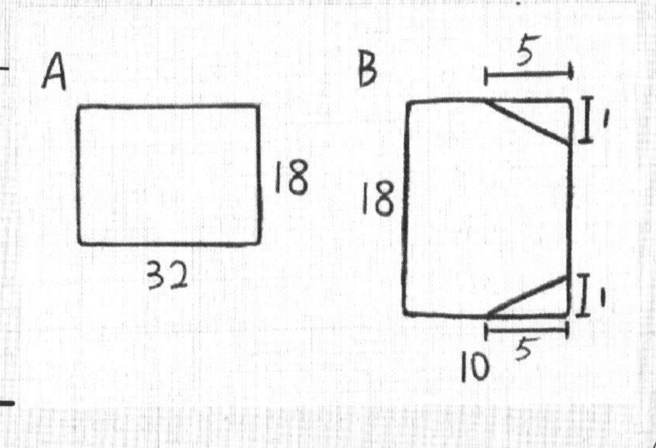

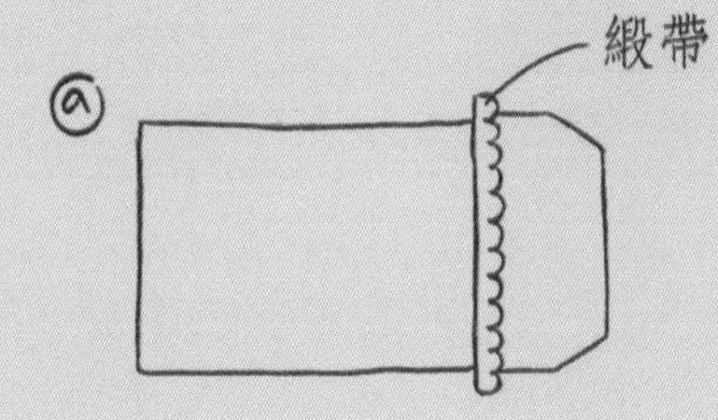

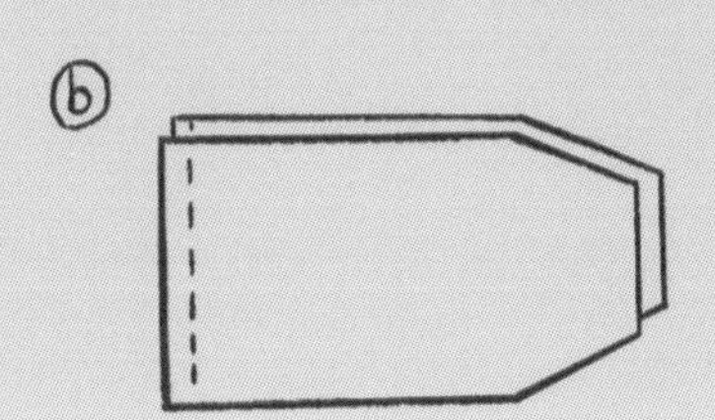

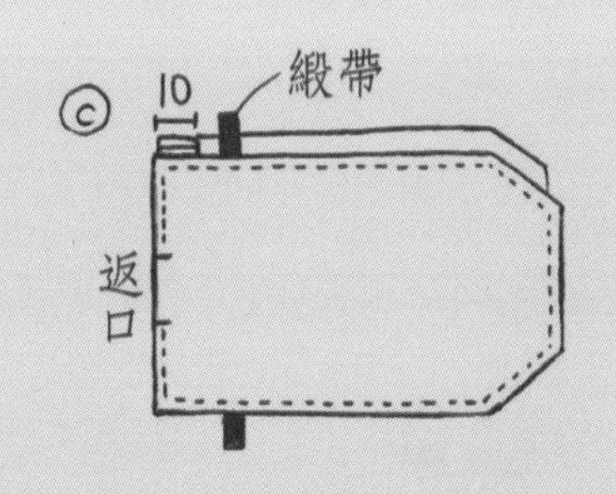

做法

1. 將 A 布與 B 布各一塊拼接起來共 2 組，就是書衣的表布和裡布。在表布接連處縫上緞帶一條。(a)
2. 在不織布上以線繡上名字，再固定在表布上。
3. 表布和裡布面對面，把尾端縫合。(b)
4. 把表布和裡布面對面依圖折入 10 公分，夾入緞帶，沿邊車縫，預留返口。(c)
5. 翻回正面，返口以藏針縫合即可。

5-10 鑰匙圈

狗嘴吐不出象牙？那吐出鑰匙怎麼樣！

光禿禿的鑰匙圈，很想為它做個套子包起來。如果有個鑰匙套像狗臉，讓拉鍊像嘴巴，那就變成吐出鑰匙的狗囉！

材料

A. 表布 [9x7cm] 棉布	2 塊
B. 裡布 [8x7cm] 棉布	2 塊
鋪棉 [9x7cm]	1 塊
黑色不織布	1 塊
紅色不織布	1 塊
拉鍊	1 條
鑰匙圈	1 組

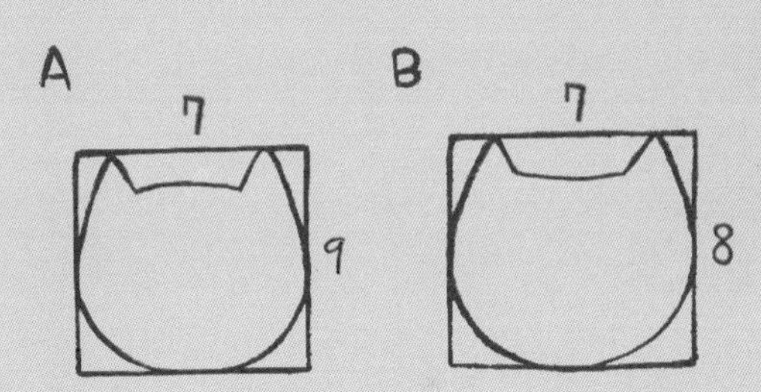

做法

1. 鋪棉依表布和裡布尺寸各剪一片。
2. 將表布耳朵上方縫合。
3. 表布和裡布的正面相對，加上鋪棉縫合一圈，預留返口。
4. 從返口翻出正面，把耳朵整理好，返口用藏針縫縫合。
5. 於前後片中間放上鑰匙圈環，並在下方縫上拉鍊。

原尺寸版型

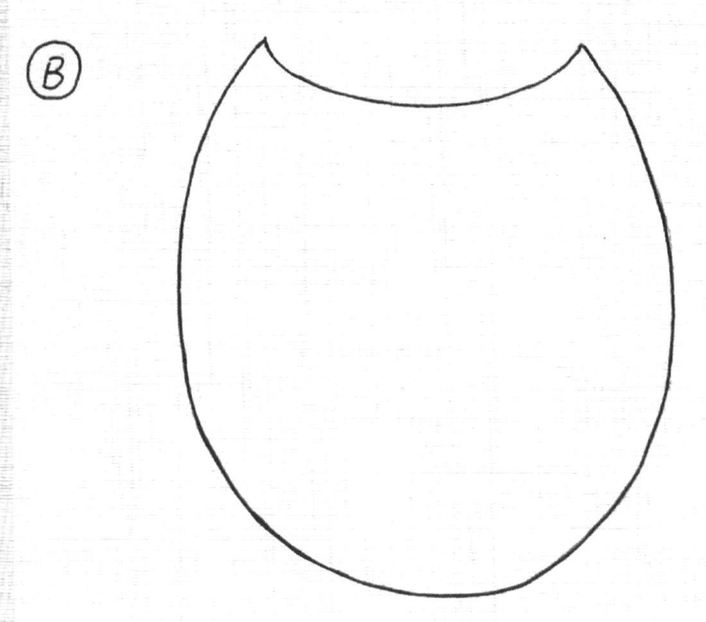
B

狗狗的創意手作 DIY：
50 種簡單又實用的好感生活提案

作者	王佩賢
攝影	周禎和
發行人	林敬彬
主編	楊安瑜
編輯	蔡穎如、林子揚
內頁編排	方皓承
封面設計	林子揚
編輯協力	陳于雯、高家宏
出版	大都會文化事業有限公司
發行	大都會文化事業有限公司 11051 台北市信義區基隆路一段 432 號 4 樓之 9 讀者服務專線：（02）27235216 讀者服務傳真：（02）27235220 電子郵件信箱：metro@ms21.hinet.net 網址：www.metrobook.com.tw
郵政劃撥	14050529 大都會文化事業有限公司
出版日期	2021 年 11 月初版一刷
定價	350 元
ISBN	978-986-06497-4-1
書號	Pets-024

4F-9, Double Hero Bldg., 432, Keelung Rd., Sec. 1, Taipei 11051, Taiwan
Tel:+886-2-2723-5216 Fax:+886-2-2723-5220
Web-site: www.metrobook.com.tw E-mail: metro@ms21.hinet.net

國家圖書館出版品預行編目（CIP）資料

狗狗的創意手作 DIY：50 種簡單又實用的好感生活提案 / 王佩賢 著. 周禎和 攝 -- 初版. --
臺北市 : 大都會文化, 2021.11
128 面 ; 17x23 公分. -- (Pets-024)
ISBN 978-986-06497-4-1 (平裝)

1. 寵物休閒 2. 手工藝 3.DIY
426　　110008149

大都會文化　讀者服務卡

書名：狗狗的創意手作DIY：50種簡單又實用的好感生活提案

謝謝您選擇了這本書！期待您的支持與建議，讓我們能有更多聯繫與互動的機會。

A. 您在何時購得本書：______年______月______日

B. 您在何處購得本書：____________書店，位於____________(市、縣)

C. 您從哪裡得知本書的消息：

1.□書店　2.□報章雜誌　3.□電台活動　4.□網路資訊

5.□書籤宣傳品等　6.□親友介紹　7.□書評　8.□其他

D. 您購買本書的動機：（可複選）

1.□對主題或內容感興趣　2.□工作需要　3.□生活需要

4.□自我進修　5.□內容為流行熱門話題　6.□其他

E. 您最喜歡本書的：（可複選）

1.□內容題材　2.□字體大小　3.□翻譯文筆　4.□封面　5.□編排方式　6.□其他

F. 您認為本書的封面：1.□非常出色　2.□普通　3.□毫不起眼　4.□其他

G. 您認為本書的編排：1.□非常出色　2.□普通　3.□毫不起眼　4.□其他

H. 您通常以哪些方式購書：(可複選)

1.□逛書店　2.□書展　3.□劃撥郵購　4.□團體訂購　5.□網路購書　6.□其他

I. 您希望我們出版哪類書籍：（可複選）

1.□旅遊　2.□流行文化　3.□生活休閒　4.□美容保養　5.□散文小品

6.□科學新知　7.□藝術音樂　8.□致富理財　9.□工商企管　10.□科幻推理

11.□史哲類　12.□勵志傳記　13.□電影小說　14.□語言學習（____語）

15.□幽默諧趣　16.□其他

J. 您對本書(系)的建議：

K. 您對本出版社的建議：

讀者小檔案

姓名：______________ 性別：□男　□女　生日：____年____月____日

年齡：□20歲以下 □21～30歲 □31～40歲 □41～50歲 □51歲以上

職業：1.□學生 2.□軍公教 3.□大眾傳播 4.□服務業 5.□金融業 6.□製造業

7.□資訊業 8.□自由業 9.□家管 10.□退休 11.□其他

學歷：□國小或以下 □國中 □高中／高職 □大學／大專 □研究所以上

通訊地址：______________________________

電話：（H）______________（O）______________ 傳真：__________

行動電話：______________ E-Mail：______________________

◎謝謝您購買本書，歡迎您上大都會文化網站（www.metrobook.com.tw）登錄會員，或至Facebook（www.facebook.com/metrobook2）為我們按個讚，您將不定期收到最新的圖書訊息與電子報。

狗狗的創意手作DIY

50種簡單又實用的好感生活提案

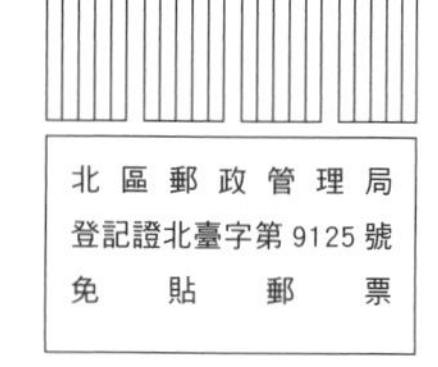
北區郵政管理局
登記證北臺字第 9125 號
免貼郵票

大都會文化事業有限公司

讀　者　服　務　部　　　收

11051 臺北市基隆路一段 432 號 4 樓之 9

寄回這張服務卡〔免貼郵票〕
您可以：
◎不定期收到最新出版訊息
◎參加各項回饋優惠活動

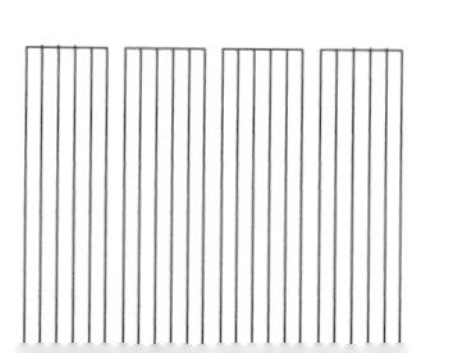

98-04-43-04

郵政劃撥儲金存款單

收款帳號	1	4	0	5	0	5	2	9

金額 新台幣（小寫）	億	仟萬	佰萬	拾萬	萬	仟	佰	拾	元

通訊欄（限與本次存款有關事項）

我要購買以下書籍

書名	單價	數量	合計

購書金額未滿 1000 元，另加收 100 元國內掛號郵資或貨運專送運費。

總計數量及金額：共＿＿＿本，合計＿＿＿元

收款戶名：大都會文化事業有限公司

寄款人 □他人存款 □本戶存款

姓名

地址 □□□-□□

電話

主管：

經辦局收款戳

虛線內備供機器印錄用請勿填寫

◎寄款人請注意背面說明

◎本收據由電腦印錄請勿填寫

郵政劃撥儲金存款收據

收款帳號戶名

存款金額

電腦紀錄

經辦局收款戳

郵政劃撥存款收據注意事項

一、本收據請妥為保管，以便日後查考。
二、如欲查詢存款入帳詳情時，請檢附本收據及已填妥之查詢函向任一郵局辦理
三、本收據各項金額、數字係機器印製，如非機器列印或經塗改或無收款郵局收訖章者無效。

大都會文化、大旗出版社讀者請注意

一、帳號、戶名及寄款人姓名地址各欄請詳細填明，以免誤寄；抵付票據之存款，務請於交換前一天存入。
二、本存款單金額之幣別為新台幣，每筆存款至少須在新台幣十五元以上，且限填至元位為止。
三、倘金額塗改時請更換存款單重新填寫。
四、本存款單不得黏貼或附寄任何文件。
五、本存款金額業經電腦登帳後，不得申請撤回。
六、本存款單備供電腦影像處理，請以正楷工整書寫並請勿摺疊。帳戶如需自印存款單，各欄文字及規格必須與本單完全相符；如有不符，各局應婉請寄款人更換郵局印製之存款單填寫，以利處理。
七、本存款單帳號與金額欄請以阿拉伯數字書寫 。
八、帳戶本人在「付款局」所在直轄市或縣(市)以外之行政區域存款，需由帳戶內扣收手續費 。

如果您在存款上有任何問題，歡迎您來電洽詢
讀者服務專線：(02)2723-5216(代表線)
為您服務時間：09：00～18：00(週一至週五)
大都會文化事業有限公司　讀者服務部

交易代號：0501、0502 現金存款　0503票據存款　2212 劃撥票據託收